U0008452

ネコの気持ちがイラストでよくわかる！ ネコ学大図鑑

日本金牌貓醫生の圖解貓咪學

東京貓咪醫療中心院長、獸醫師

服部幸——著

卵山玉子——漫畫、插畫

蔡斐如——譯

前言

寫這本書的目標，是希望大家更瞭解「貓咪」這種生物，並提供完整知識，讓大家能與貓咪一起過著安心快樂的日子。

養貓者、愛貓者人數不斷增加，已成為熱門話題。相信只要是喜歡動物的人，或是曾經養過動物的人，都會認可動物那股療癒人心的力量。而貓咪無論是在適合與人同住、動作可愛，或是有點任性又帶有神秘氣息的一面等，這些特點都深深吸引著眾多貓奴。

話雖如此，貓咪是一個生命，相信這一點無須刻意強調。

越來越多人喜歡貓咪是一件值得高興的事，但我們不能將「與貓咪共同生活」視為一股風潮或流行趨勢。對生物真正的「愛」，不是只看見牠們的優點與可愛的一面，還得包容那些辛苦與麻煩，在全盤理解後好好珍惜牠們。

若是與人類同住，還能溝通、互相禮讓，也就是「Give and take」。然而，若是與人類以外的動物同住，並無法透過語言互相傳遞訊息，因此需要從對方的動作、表情、叫聲等各種線索，解讀對方心情。

貓咪天性敏感謹慎，牠們在飼主面前的種種樣貌，都是只對信賴對象才會展現出的真實姿態。若飼主能好好解讀並適當回應，與貓咪的生活就能更加充實快樂。

每隻貓咪都有自己的個性，行為舉止與情緒也是因貓而異。即使如此，「貓咪」這種生物，牠們某些出自本能的行為與傳遞訊息的方法，還是有一定程度的共通性。請大家先瞭解貓咪普遍的特質與行為，再好好觀察自家貓咪，也別將貓咪的行為與情緒，擅自套入人類情境。將這些隨時謹記在心，相信就更能與愛貓心意相通。

窩在身旁那完全卸下心防、毫無防備的睡臉；等到飼主回家，就走近磨蹭的動作；吃飽後心滿意足地理毛；撒嬌地表達「來玩」、「摸我」、「抱抱」；有時叫也不應、想摸牠的時候卻一溜煙跑走的冷淡態度……等，全部都是貓咪療癒我們、充滿愛的訊息。

希望各位與貓咪的日常生活都能更加開心，也希望愛貓者與貓咪能建立幸福的關係。本書帶著這些期許，獻給各位。

目錄

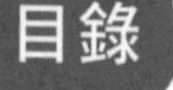

前言……4
登場人物……16

第1章 貓咪的身體

漫畫 第一話……18
眼睛……22
耳朵……24
鼻子……26
鬍鬚……28
舌頭……30
牙齒……32
肉球……34
爪子……36
尾巴……38
骨骼結構與肌肉……40
身體成長……42

第2章 與貓咪共同生活的基礎知識

漫畫　第二話……44

❶相遇篇

遇上貓咪前……48
尋找命定之貓……50
挑選貓咪的重點……52
養貓前該準備的物品……56
養貓的心理建設……58
養貓是「預防」重於管教……60
無法養貓的人 ～在地街貓篇～……62
無法養貓的人 ～貓咪咖啡廳篇～……64

❷居住環境篇

溫柔對待貓咪……66
建議完全飼養在室內的原因……68
屋內禁放的物品……70
運用貓跳台創造貓咪的放鬆空間……72

再貴的貓窩也比不上紙箱……74
擺放數個貓砂盆是最基本的要求……76
一開始多試幾種貓抓板……78
貓咪也會想要有「個人私密空間」……80
留個門縫給貓咪……82
外面很危險！創造不會逃家的環境……84
十歲後的老貓環境……86
為災難預做準備……88

❸ 飲食、排泄、睡眠篇

飲食的基礎知識 ～次數、分量、種類～……90
不吃飯就使出「加點料」戰術……94
貓咪不能吃的東西……96
防止貓咪誤飲誤食……98
水要新鮮並多處設置……100
每天清掃貓砂盆……102
貓咪一天會睡十六小時……104

❹ 行為習性篇

理毛是為了讓自己平靜下來……106
磨蹭就有在地盤內的安心感……108
緩慢眨眼是喜歡的訊號……110
踩踏行為是奶貓時期的回憶……112
呼嚕聲之謎……114
磨爪是為了保養武器與宣示地盤……116
標記行為就是在占地盤……118
後腳踢是狩獵訓練……120
夜間運動會是模擬狩獵……122
頻繁啃咬是壓力徵兆嗎？……124
「喀喀喀」是興奮時從喉嚨發出的叫聲……126
確認嘔吐物的內容……128
待在高處就能心情平靜……130
在狹窄處也能感到心情平靜……132
憧憬窗外的世界……134
衍生自檢視地盤習性的「貓咪傳送裝置」……136
貓咪推落物品是因為好玩嗎？……138

第3章 充實你的養貓生活

漫畫　第三話……140

❶ 溝通篇

眼睛、耳朵、鬍鬚所表達的情緒……144
從叫聲解讀貓咪心情……146
從姿勢解讀貓咪心情……148
從尾巴解讀貓咪心情……150
從走路方式解讀貓咪心情……152
刺激獵人本能的遊戲方式……154
讓貓咪如癡如醉的「撫摸法」……156
讓貓咪愛上撒嬌的抱法……158
其實很討厭？摸肉球要看狀況……160
貓咪為什麼會威嚇訪客？……162
最後的王牌「木天蓼」……164
喵心大悅！　貓咪喜歡哪些事呢？……166
喵心大亂！　貓咪討厭哪些事呢？……168

❷ 日常照護篇
梳毛超級幸福……170
長毛貓一個月洗一次澡……172
每天刷牙才能成為健康的長壽貓……174
剪指甲的訣竅是不強迫、動作快……176
透過按摩揉捏讓貓咪放鬆……178

第4章 生活上的疑問與貓咪疾病照護

漫畫　第四話……180
❶ 生活疑問篇
貓咪看家最多兩天一夜……184
貓籠的高度比寬度重要……186
多貓家庭最重要的是貓咪彼此是否合得來……188
請選擇上開式的外出籠……190
搬家時建議先將貓咪安置在寵物旅館……192

飼主生活習慣差，對貓咪會有不良影響……194
不同季節的注意事項……196
懷孕要有規劃……198
生產與育兒……200
當人類家庭成員增加時……202
人類小孩與貓咪的幸福關係……204
不同成長階段——貓咪的變化……206

❷ 疾病照護篇

現在立刻確認！疑似症狀檢核表……208
平時就能做的健康檢視……210
有四分之一的老貓會罹患腎臟病……212
老貓夜嚎是疾病徵兆……214
還好嗎？檢查貓咪的肥胖程度……216
減肥是與飼主的團隊合作……218
減少問題行為——公貓的絕育手術……220
受孕率百分之百？母貓的絕育手術……222
挑選動物醫院的重點……224

各大品種貓容易罹患的疾病……226
貓咪疾病一覽表——能接種的疫苗……228

第5章 各種貓咪小知識

漫畫 第五話……232
貓咪的祖先是出身沙漠的「利比亞山貓」……236
貓咪是在平安時代到日本的？……238
貓寶寶眼珠的「kitten blue」……240
貓咪血型隨地區而異？……241
有公的三花貓嗎？……242
「裂唇嗅反應」只是看起來在笑而已？……244
我家也有網紅貓？享受拍攝貓咪的樂趣……246
製作貓咪喜歡的玩具……248
後記……250

登場人物

虎吉

與寧寧同住的美國短毛公貓，快一歲了，活力十足，是隻貓如「虎」名的好動貓咪。

寧寧

養貓未滿一年的新手飼主。最近的樂趣是週末陪虎吉在家玩。

犬山專務

是寧寧與小愛公司的專務。外表看似狗派，實際卻是三十年經驗的資深貓奴。

小愛

與寧寧同時期進公司，最近剛搬到可以養寵物的房子，很喜歡貓咪，但相關知識稍嫌不足。

第1章

貓咪的身體

喵大廈

我回來了。

喀嚓

寧寧

三十多歲・上班族

喵~

虎吉~！謝謝你在門口迎接我！

愛貓・虎吉・即將一歲

貓咪能聽見主人回到家的細微聲響，有時候在主人開門前就會到門口等待。

喔~原來貓咪的耳朵這麼好呀。

虎吉認得我的腳步聲對吧？♡

對吧

……

咔

咔

咦？不理我嗎？

咔

咔

咔

明明聽得很清楚卻不理我嗎？

嗯~~

飯飯

很好吃吧……

……

咔

咔

話雖如此，

貓咪還真厲害呀……

走路無聲！

走路無聲！

舌頭有秘密！

/ and more! \

看來動態視力
也十分優秀……！
啪
啪

咻啪啪啪

總覺得……

貓咪眼睛骨碌碌地，
有各種生動表情，
真的好有趣。
渾圓瞳孔
哼～

?

定格

玩具……
停住了。
?
看來對靜止物體
不感興趣呢……

貓咪真是不可思議～
如果懂更多貓咪知識，
生活應該更有樂趣吧？
動了
!!

眼睛

專為捕捉暗處獵物設計

透過調節瞳孔，能在暗處活動

貓咪是夜行性動物，牠們眼睛最大的特徵，就是瞳孔的調節能力，最多能放大到約人類的三倍大，因此得以在暗處生存。在亮處時，為了減少進光量會縮小瞳孔，而為了提升在暗處的感光度，則會放大瞳孔。

貓咪眼睛的感光度是人類的六倍以上，同時具備優秀動態視力與寬闊視野，因此捕捉天花板上的老鼠可是貓咪的拿手好戲。

在貓咪眼中全是慢動作？

貓咪擁有優秀的動態視力，但靜態視力卻不怎麼樣。因此對靜止物體不太有反應。因為動態視力好，甚至有人認為貓咪眼中的世界，就像電視逐格播放一樣。

除了視力差，辨色力也不佳

貓咪的視力約零點二～零點三左右，較難看清遠處物體。牠們以寬廣視野與對光線的高敏感度，加上出色的聽力，彌補了視力上的不足。至於辨色能力，雖能辨識藍色與黃色，但紅色在貓咪眼中看起來像黑色，無法辨識。

貓咪眼睛在暗處發亮的原因

貓咪眼睛裡面有個名為「脈絡膜毯」（tapetum lucidum）的反射層，這是人類所沒有的構造。因為貓咪運用脈絡膜毯有效率地集中光線，即使身在暗處，也能移動自如。我們能在夜晚看見貓咪眼睛發亮，正是因為脈絡膜毯反射光線的緣故。

貓咪瞳孔大小也會隨著興奮或恐懼等情緒而改變。

耳朵

透過等同八倍人類聽覺的耳朵獲取資訊

比起眼睛，耳朵更重要！資訊基本上從耳朵而來

貓耳性能優越，聽力是人類的八倍、狗的兩倍，即使在暗處也能覺察獵物動態。人類有八十％的資訊都是從視覺而來，而貓咪獲取外界情報的來源，依序為耳朵、鼻子、眼睛，與人類相差甚遠。

長在貓耳尖端那撮蓬鬆的毛，稱為「耳脊毛」（ear tufts），功用是感知風向與擷取音波。耳脊毛會隨貓咪年齡增長而變短。

耳朵先聽到主人回家

大家是否曾經一回到家，就看到貓咪等在門口迎接自己呢？貓咪優秀的聽覺能聽到飼主車聲，或是走向家門口的聲音，事先在門口等待。

連螞蟻的腳步聲都聽得到

貓耳的聽力範圍是六十～六萬五千赫茲。貓咪有時會凝視空無一物的場所，有些人覺得是「貓咪看得見幽靈」，但或許貓咪是聽見人類聽不到的蟲子振翅聲，或是小動物的腳步聲也說不一定。

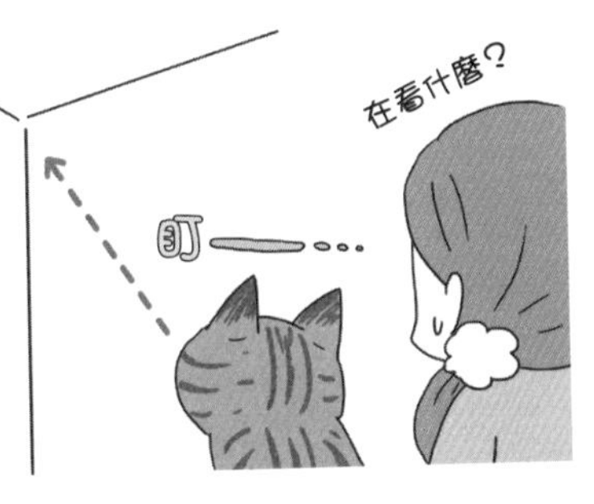

所有的貓都喜歡女性？

貓咪比較擅長聽取高音域的聲音，或許是因為這樣，才會有貓咪喜歡女性較高的聲音、比較黏女性的說法。

※男性聲音約五百赫茲，女性聲音約一千赫茲。鋼琴的最高音約四千赫茲，飛蚊聲約一萬五千赫茲。高於兩萬赫茲的聲音則稱為超音波。

為了掌握音源的方向與距離，貓耳能左右各轉一百八十度。

鼻子

貓咪嗅覺的秘密在於記憶量

身體的安全也由鼻子守護！

貓咪的嗅覺僅次於聽覺，是第二發達的感官。其中特別突出的不是擷取氣味，而是分辨氣味的能力。貓咪透過辨識不同氣味，判斷敵人是否侵入自己的地盤，或是食物能否安心下肚。

狗在嗅聞氣味時，會擴張鼻腔，盡量大口吸入更多氣體。然而，貓咪因為鼻腔空間有限，無法吸入大量氣體，所以聞東西時會將鼻子湊近物體。

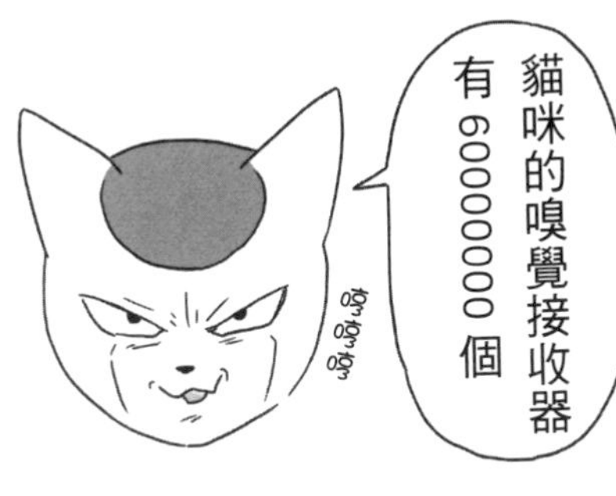

貓咪的嗅覺介於人類與狗之間

位於鼻腔黏膜的「嗅覺接收器（olfactory receptors）」細胞，決定了生物彼此嗅覺能力的差異。人類的嗅覺接收器細胞有一千萬個；貓咪有六千萬個；而身為警犬表現優異的德國牧羊犬，則有多達兩億個。

愛睏時鼻子會變乾

健康的貓鼻是溼潤的，這是因為氣味分子較容易附著在溼潤物體上。但貓咪在放鬆、想睡，或是正在睡覺時，鼻子表面通常是乾燥的。當發現貓鼻變乾，或許就是牠想睡覺的訊號喔。

沒有鼻毛的生活

鼻毛，是人類有但貓咪沒有的東西。鼻毛就像濾網，能阻絕灰塵進入鼻腔內部。貓咪沒有鼻毛的原因不明，但對貓咪而言，就不會遇到因鼻毛外露而讓長年愛戀瞬間幻滅……之類的慘事呢。

貓鼻維持溼潤是為了更容易感知風向與溫度差，外表可愛，功能卻很強大！

鬍鬚

以全身的鬍鬚感測器感知各種事物

貓咪的鬍鬚不光是可愛而已

貓咪鬍鬚常被比喻為「高靈敏度感測器」，因為毛根周圍有許多感覺神經，當前端碰到東西，訊息就會瞬間傳到大腦。

剛出生的幼貓眼睛還看不見，就是以鬍鬚尋找母貓乳房的位置。鬍鬚在暗處也能派上用場，是優秀的器官之一，正因如此，鬍鬚在皮膚裡的位置，比其他毛髮深了大約三倍，若遭受拉扯會感到強烈疼痛，還請飼主小心留意。

連微弱的空氣振動都感覺得到

若鬍鬚前端接觸到物體，訊息就會立刻傳往大腦，連微弱的空氣振動都能察覺。過去甚至流傳著「貓咪一拔掉鬍鬚就抓不到老鼠」的迷信，由此可見，鬍鬚是貓咪重要的器官之一。

明明是「鬍鬚」，卻連腳上、眼睛上都有

說到鬍鬚，大部分的人都認為是長在嘴巴周圍的毛。對貓咪而言，「鬍鬚」是一個總稱，除了嘴巴四周，也包括長在臉頰、眼睛上方、前腳腳踝內側的硬長毛。相較於覆蓋在體表上的毛，其直徑只有零點零四～零點零八公釐，鬍鬚的直徑則有零點三公釐。

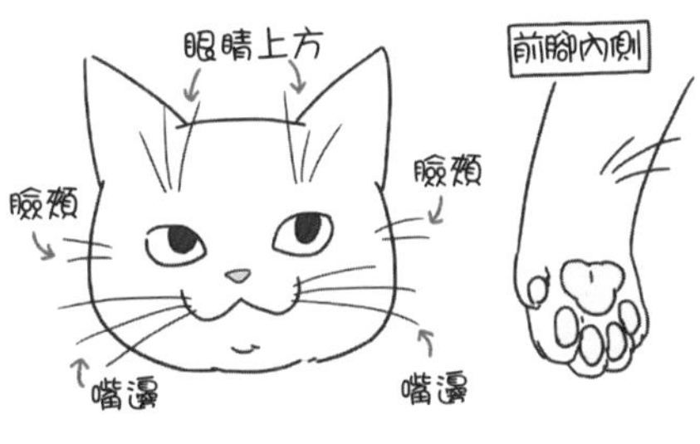

用鬍鬚長度測量

大家是否曾看過貓咪輕快地鑽進門縫或狹窄小巷呢？其實，貓咪能通過的範圍大小，就是與鬍鬚尖端相切的那個圓喔。貓咪會以鬍鬚測量，確認自己能否順利通過。

MEMO

貓咪的鬍鬚會定期脫落更新。聽說還有收藏家會特別蒐集貓咪脫落的鬍鬚。

舌頭

從整理儀容到表達情感，多功能的貓舌

用舌頭舔舐是愛情的證據

與貓咪同住一個屋簷下的你，是不是常常被舔手呢？這是貓咪「愛你的證據」。感情好的貓咪會互相理毛，牠們會舔拭對方無法自行清理的臉部四周，而舔舐飼主手部也是一樣的意思。應該也有不少人會在睡覺時被貓咪舔臉，但若飼主也舔貓咪的臉來「回禮」，小心會舔得滿嘴貓毛。

粗糙舌頭的真面目

貓咪舔我們的時候，除了聽見沙沙聲，皮膚同時也會感覺到被粗糙物體摩擦。這個粗糙物的真面目，是位於貓舌上名為「絲狀乳突」（filiform papillae）的突起，朝向身體內側緊密生長，讓水或是其他進入口中的物體不易漏出。

舌頭是貓咪的萬用工具

絲狀乳突的構造不只方便抓住水分，在吃飯時就像銼刀一樣有削肉的功能，理毛時則扮演梳子的角色。舌頭對貓咪而言，是不可或缺的萬用工具，若貓咪得到舌炎或其他舌頭的疾病，請馬上送醫。

其實吃不出鹹味與甜味

為了避開有毒物體，貓咪對苦味十分敏感，而為了不要吃到腐壞食物，對酸味的反應也很大，討厭柑橘類氣味也是一樣的原因。至於其他味道，貓咪吃得出鮮味，分不太出鹹味，而對於甜味則無感。

貓咪用粗糙舌頭喝水時，會將舌尖捲成像英文字母「J」的形狀。

牙齒

惹人憐愛的模樣下，藏有尖銳牙齒

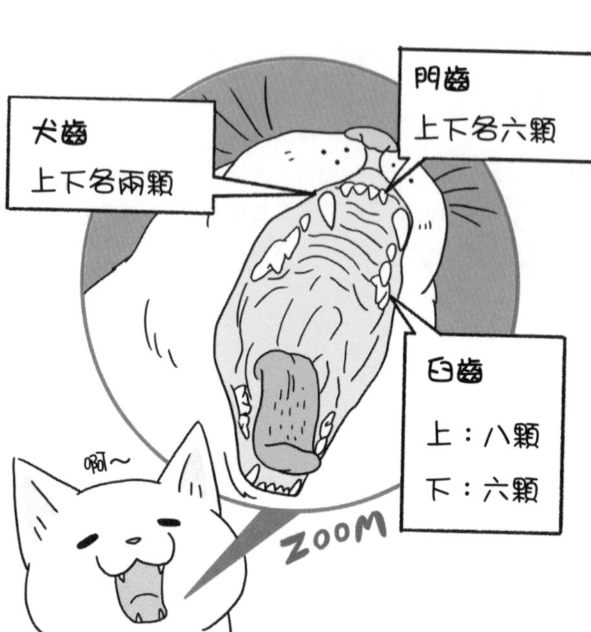

讓人意識到牠是肉食性動物的牙齒

「貓咪是肉食性動物」這句話看似理所當然，卻因為現代貓咪只吃乾飼料，再加上可愛的外表，或許還真有人忘記「貓咪是肉食性動物」這件事呢。

牙齒展現了貓咪是肉食性動物的事實。貓咪牙齒十分尖銳，概分為：負責將肉從骨頭剝下的「門齒」、負責咬住獵物的「犬齒」，以及負責切碎大肉塊的「臼齒」。

撿到乳齒超好運

知道貓咪會換牙這件事的人不多，因為脫落下來的乳齒，不是被吞下肚，就算掉在房間裡，也不知不覺就被吸塵器吸走了。貓咪乳齒一共二十六顆，在三個月大～八個月大左右會全部換新。

尖銳的牙齒是肉食性的證據

人類的臼齒就如同「臼」這個字，形狀寬扁，用以磨碎食物。但貓咪的臼齒形狀都很尖銳，能將大肉塊分切成小塊。貓咪平常雖然可愛，但一看到牠的牙齒，就會讓我們想起牠是肉食性動物這件事呢。

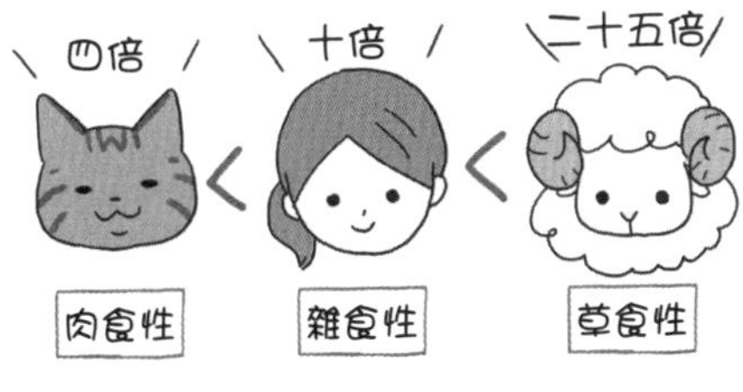

肚裡也專為肉食性設計

在肉眼看不見的地方，也有資料讓我們不得不相信「貓咪是肉食性動物」這個事實，那就是「腸子長度」。屬於草食性動物的綿羊，因為所需消化時間很長，腸子的長度大約是身長的二十五倍，而貓咪的腸子，長度只有身長的四倍左右。

若貓咪的牙齒變成咖啡色，可能是因為牙結石堆積，請帶牠去看醫生吧！

肉球

具備許多勝過迷人外表的功能

"軟Q軟Q"

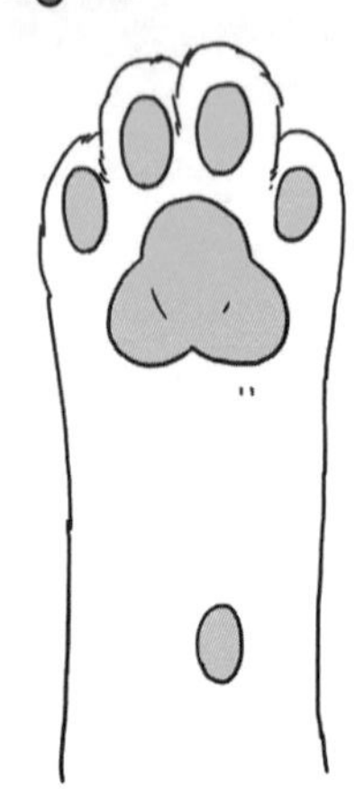

既可愛又實用，是貓咪專用緩衝墊

貓咪肉球與貓鬚和貓耳一樣，都是代表貓咪的圖案。肉球摸起來柔嫩，捏起來軟Q，迷倒眾多貓奴，市面上也有以肉球形狀設計的貓咪商品，甚至還有肉球寫真集。

肉球不只可愛，就如同英文名「pad」，肉球有著優異的緩衝功能，有了肉球，貓咪才能靜悄悄地在室內穿梭，就算從高處跳下，著地時也安全無聲。

高處也是游刃有餘

與貓咪共同生活的人，一定常有「明明剛剛還在同一個房間，不知道什麼時候跑掉了」的經驗吧？貓咪能無聲無息地移動，或是從高處跳下也不發出半點聲響，這都是多虧了肉球發揮了緩衝功能。

狩獵時不可或缺的軟Q彈性

貓咪狩獵時，會隱藏氣息從獵物背後靠近，再伸爪獵殺。肉球之所以軟Q有彈性，是為了消除腳步聲。而家貓也以肉球魅惑人類，以獲取每日餐食，從這點來看，貓咪還真的是狩獵專家呢。

貓咪唯一會出汗的部位

大家是否曾在地板上發現肉球形狀的印子呢？肉球上有少量汗腺，是貓咪全身上下唯一會出汗的地方。肉球的汗不只有止滑作用，也有標記（marking）的功能。

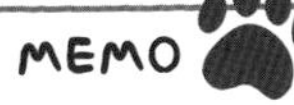

長毛貓在肉球周圍也會長出長毛，毛太長可能會害貓咪滑倒受傷，請定期替牠修剪。

爪子

可愛貓咪展現出野性的一面

藏在獵人身上的必殺刃

與貓咪共同生活的人，想必多少都有陪玩時被抓傷的經驗吧？畢竟貓爪是獵殺老鼠與其他獵物的秘密武器！

貓咪住進家中後，就很難見到牠身為獵人的一面，但如果用玩具刺激狩獵本能，就能看見貓咪以迅雷不及掩耳的速度出手攻擊，而貓咪磨爪就是在保養這個重要的狩獵工具。

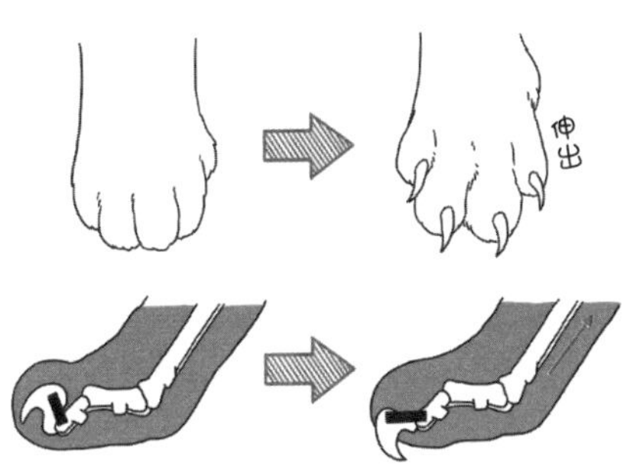

連收爪空間都隨身攜帶

貓爪是優秀的工具，能控制在必要時才伸出。狗走路時會因為爪子碰地而發出聲響，而貓咪走路靜悄悄則是因為牠能收起爪子。平時指間皮膚就像刀鞘一樣收著爪子，再透過肌腱收縮，控制爪子伸縮。

尖銳爪子是身為獵人的證據

貓咪磨爪是在保養自己的武器，以便在準備萬全的狀態下狩獵。磨爪並非將爪子磨尖，而是剝除鈍掉的舊爪，才能保持爪子銳利如新。

很準呢……

公貓慣用左前腳。

母貓慣用右前腳，

貓咪也有慣用手

長久以來，大家都認為除了人類，其他動物都不會特別慣用單側前肢。但近年英國研究發表了「貓咪也有慣用腳」的結論，指出公貓傾向慣用左前腳，母貓傾向慣用右前腳。

貓咪出生後，前六個月還很平均地使用左右前腳，在出生一年左右才開始有慣用單側前腳的傾向。

尾巴

無論對話或移動，都靠尾巴完成

貓尾的三大功能

貓尾跟貓耳、貓肉球一樣，都是代表貓咪的符號。貓尾有三大功能：「保持平衡」「表現情緒」「標記」。其中，貓尾最擅長表現情緒，甚至有「從尾巴便能一眼看出貓咪心情」的說法。大家有沒有遇過，呼喊貓咪名字，牠卻動也不動，只搖尾巴呢？這是貓咪在說「我聽到了」的意思喔。只用尾巴進行對話這點，也很有貓咪風範呢。

動作優美的祕密就在這裡

貓咪移動時，尾巴發揮了平衡器的功能。像是在細窄磚牆上輕快走動，或是從高處跳下也能輕巧著地等，都是靠尾巴前後左右擺動取得平衡，才能展現的絕技。

貓尾就是情緒

尾巴真實地表達貓咪當下各種情緒，例如尾巴直直豎起代表信任。雖然貓咪不像人類會說話，但只要觀察尾巴，就能得知牠的想法，與貓咪共同生活也會更快樂喔。

剖面圖

尾椎

尾巴能揮動自如的原因

貓咪的尾巴由數個稱為「尾椎」的短骨頭組合而成。而尾椎周圍則有十二條肌肉，直到尾巴末端都布有神經。正是這種複雜的構造，使得貓咪尾巴充滿表現力，能前後左右靈活擺動。

大家知道「香蒲」這種植物嗎？因為花穗形狀神似貓尾，香蒲在英文中又叫「cattail」喔。

骨骼結構與肌肉

貓咪特有的動作就藏在骨骼結構之中

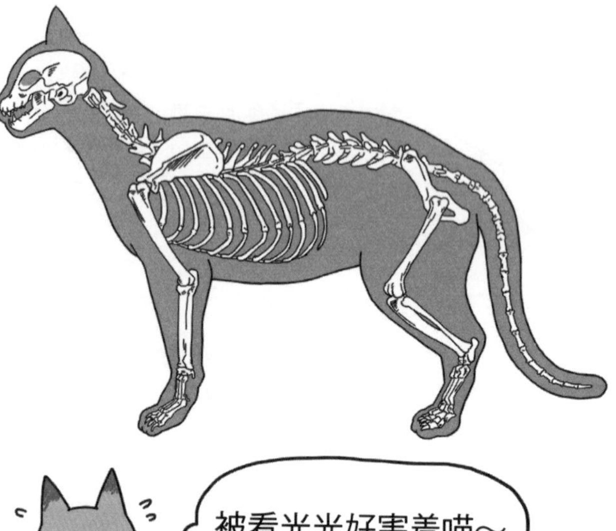

被看光光好害羞喵～

單看骨架，就是隻小型老虎

貓咪的骨架與其他貓科動物幾乎相同，可說是縮小版老虎或花豹也不為過。

貓咪骨頭的數量比人類多四十根，共兩百四十四根。其中，在構成脊柱的椎骨之間，由稱為「椎間盤」的軟骨連接。椎間盤富有彈性，是貓咪骨骼結構中的一大特徵，讓貓咪擁有能穿越狹小縫隙的柔軟度。

柔軟的理由在於「超級斜肩」

貓咪的肩膀超級斜，位於前腳上方的肱骨雖然接著肩胛骨，但鎖骨並沒有接在肩膀關節上，也就是說，貓咪的肩膀並沒有固定。因此，只要是頭能通過的縫隙，身體就能通過，不會卡到肩膀。

彈簧般的後腳

貓咪後腳肌肉十分發達，所以能輕鬆跳過身長數倍高的牆壁，也因為有彈簧般的肌肉，才能靈敏地奔跑移動。

咬死獵物的下顎力量

下顎肌肉與後腳一樣發達。下顎是相當重要的部位，讓貓咪在狩獵時，能將牙齒咬進獵物身體，給予最後一擊。應該有人覺得貓咪啃咬很痛吧？但如果牠認真咬下去，只會更慘喔！

MEMO

據說貓咪跑起來最快可達時速五十公里，而跳躍的高度可達身長五倍。

身體成長

出生滿一年半就算是人類口中的成人了

將貓咪年齡換算成人類的話

剛出生的幼貓體重約一百公克，大概一個手掌大，在接下來的一年之間會快速成長，體重將達到四公斤左右。

將貓咪成長換算成人類的年齡的話，出生後三個月是人類五歲，九個月是十三歲，一年半是二十歲。之後的成長速度：出生後五年是人類三十六歲，十年是五十六歲，十五年是七十六歲，二十年是九十六歲。

第 2 章

與貓咪共同生活的基礎知識

平靜放鬆的成熟空間……

寧寧放假的日子
叮咚~
喔！這麼快就到了。

寧寧~我來看貓了！
同時期進公司的同事
小愛

跟貓咪住在一起感覺如何呀？
這是蛋糕
謝謝——♥
很開心喲！

一起睡在被窩裡
鬼臉也很可愛
總是自由奔放
然後啊……
然後啊……
停不下來了。

我還拍了好多照片，妳要看嗎？
我會看啦
……妳先冷靜一下。

……對了，虎吉呢？
躲在對面的房間。

其實……我也想養貓。

妳已經搬到能養寵物的房間了對吧！希望妳也能遇見心目中的貓咪。
會跟哪種貓咪成為家人呢？

對了，聽說養貓很簡單，是真的嗎？
簡單…？

一點也不簡單！
畢竟是一個生命，
要顧慮很多事喔。
咀嚼
咀嚼
這樣呀……
該注意哪些事呢？

像是生活型態改變後，
是否還能一起生活，
還有能否負擔醫藥費之類的。
的確很重要。

還有整頓貓咪的居住環境……
讓貓咪學會上廁所與磨爪的規矩也很花時間喔。
抓抓抓
有些貓咪
會亂噴尿。
看我的~
飲食禁忌
也不少。
原來如此！

不用帶去散步這一點，倒是省事多了。
路上小心～
好好準備的話，也會乖乖看家。
為了貓咪，我會再多多調查做好準備的！
也有很多幸福的瞬間喔。有貓咪等門的那天，所有的疲勞全都一掃而空。
歡迎回來
那帶貓咪回家的方法有哪些呢？
主要有三種，選適合自己的方法就好。

遇上貓咪前

這些準備全是為了能與貓咪成為一家人，共同快樂生活

態度不可輕率，必須要有承擔生命的覺悟

一般而言，在室內生活的貓咪平均壽命是十五歲。養貓不是寵牠就好，飼主必須具備照顧貓咪一生的自覺與責任感。從飲食、清理廁所，到健康檢查、預防接種的醫藥費等，照顧貓咪是既花錢又費心的。

貓咪性格與照顧方法，會隨性別與品種而異，請先與家人充分討論，仔細挑選合適的貓咪吧！

會花多少錢？

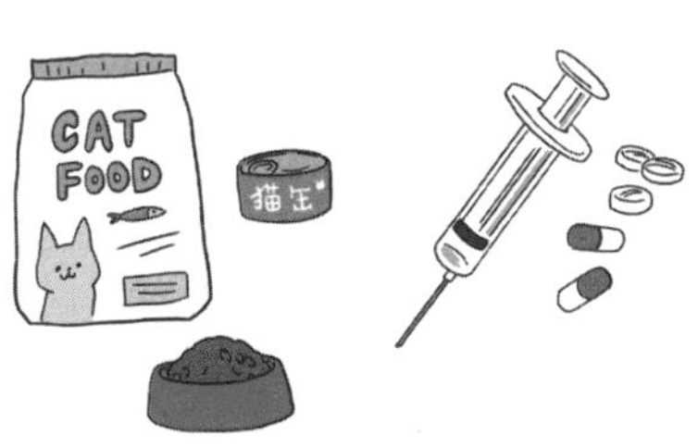

隨著生活環境與貓咪體質不同，飲食費與醫療費等花費也不一定。據說貓咪一生平均會花掉一百三十萬日圓(約新台幣33萬元)左右，但這頂多是個參考數值。請將這個數字視為下限值，準備養貓費用時，還得再加上非預期事件的緊急費用。

貓咪也是高齡社會？

醫療進步與飲食改良延長了貓咪與人類的壽命。特別是家貓，能活得比流浪貓還久，同時卻也衍生出老化、照護、以及慢性病長期化等問題。

住家注意事項

公寓大樓

- 絕對不能偷養
- 鄰居可能討厭貓咪
- 地板要做好隔音措施

透天

- 做好房子會有髒汙&傷痕的心理準備
- 要避免影響到附近鄰居
- 小心貓咪逃家

在陽台或是庭院清理貓毛時，要小心住家周邊可能會有討厭貓咪或是對貓過敏的人。若住在公寓大樓，無論是租賃或自購，務必遵守共同公約或規則，也必須設法處理貓咪發出的聲響（從高處跳下的聲音等）。

MEMO

一看到貓咪很容易就沖昏頭，在迎接牠當家人前請慎重考慮。

尋找命定之貓

可能會一見鍾情，但偏好與個性合不合很重要

命運就掌握在自己手中，妥善規劃才能找到合適的貓咪

與貓相遇的管道主要有三種：「寵物店」、「合法貓舍」、「領養團體」。若已決定品種，就適合在寵物店或向合法貓舍購買。無論透過哪種管道，務必記得確認貓咪的健康狀態、是否有遺傳性疾病等。

當選好共同生活的貓咪後，請盡快帶牠去動物醫院做健康檢查，確認身上是否帶有人畜共通傳染病。

寵物店

決定候選寵物店後，請多參觀幾次，看看店家如何照顧動物、動物狀態如何，以及觀察店家如何接待客人。請選擇真正有將寵物視為生命照顧的店家，避開把寵物當商品的店家，並仔細確認售後服務是否完善。

合法貓舍

值得信任的合法貓舍，會歡迎未來飼主直接拜訪，也會光明正大展示飼育與繁殖環境。若種貓血統特別優秀，常會被迫過度繁殖，請再三確認母貓的身體狀態。

領養網站

除了網路上的領養招募社團，地區性的布告欄也能找到領養資訊，部分動物醫院也會送養貓咪。有些領養團體為了貓咪著想，還會事先審核領養者並要求負擔手續費。

除了上述管道，也能直接收編流浪貓。若屬於這種情況，請先帶貓咪去動物醫院做健康檢查，確認身上疾病與健康狀態。

挑選貓咪的重點

你想與貓咪過怎樣的生活？以下分別說明各品種貓與其主要特徵，供大家參考

阿比西尼亞貓

體態優雅，性格親切淘氣，聰明聽話。行為舉止有時像狗，飼養難度低，很受歡迎。

美國短毛貓

運動神經發達，活潑好動，好奇心強，不但親人，也比較習慣與其他動物相處，適合多隻或不同種混養。

 米克斯

是毛色變化多樣的混血品種。身體普遍比純種貓健康，性格也外向穩重，屬於好養的貓咪。

緬因貓

最喜歡嬉戲玩耍，是運動量大且活潑好動的長毛貓。性格開朗大方，同時多隻或不同種混養也不是問題。

曼赤肯貓

短短的腿是牠最大的特徵，堪稱貓界臘腸（狗）。話雖如此，還是擁有貓的運動神經。性格爽朗，好奇心強，對飼主也很和善。

挪威森林貓

是充滿野性且運動能力出色的貓咪。體格好再加上長毛，看起來威風凜凜。聰明且地域性強，卻也有怕寂寞的一面。

布偶貓

因為性格冷靜，穩重不排斥被抱，加上毛茸茸的可愛外表，而被命名為「布偶」（ragdoll）貓。體型巨大也是特徵之一。

波斯貓

蓬鬆長毛與略短的腳惹人憐愛，以親人、和善的性格著稱，在日本也是從以前就很受歡迎的品種。

蘇格蘭摺耳貓

特徵是下垂的耳朵。源自蘇格蘭，天生帶有突變基因，完全下垂的耳朵至今仍屬罕見。性格溫和又親人，是容易飼養的熱門品種。

俄羅斯藍貓

擁有絲絨般滑順觸感的灰色短毛，生性膽小親人。平時不太發出叫聲。

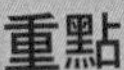

重點

貓咪種類多樣，全世界有三十～八十種。雖然不同種類的貓咪在體型與性格上各有特色，但一隻貓咪的性格，最終還是取決於貓咪自身、飼養環境，以及與飼主的關係。

新加坡貓

體型最小的品種，天性謹慎卻充滿好奇心。運動神經出色，動作敏捷且身態優雅。叫聲微弱，是文靜型貓咪。

養貓前該準備的物品

必備物品在貓咪來家裡前準備齊全，次要物品再慢慢補足就好

飼料盆&飼料

大多數的貓咪喜歡寬口淺型的飼料盆與水盆，這樣才不會碰到鬍鬚，也不會遮住視線，容器墊高一點比較方便進食。飼料分有乾式與溼式，請搭配餵食，貓咪才不會膩。有些飼料上還會有獸醫推薦的標誌。

各種美容工具

長毛貓需要每天梳毛，短毛貓則隨季節而異，但一週至少需要梳一次毛，挑選梳子請根據毛長與貓咪喜好，也建議準備好貓咪專用的牙刷與指甲剪。

貓窩

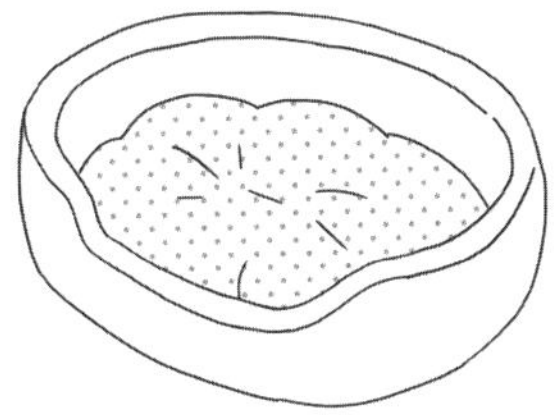

貓咪最喜歡有適當包覆感、軟綿綿的空間。建議先準備稍大的貓窩，瞭解貓咪偏好後，再塞入牠喜歡的布料調整空間大小。

貓砂盆

貓砂盆種類琳瑯滿目，像是不同深度、大小、有無蓋子等。若貓咪不願意在貓砂盆上廁所，可以試著蓋上紙箱，或是改變擺放場所。

貓抓板

貓抓板五花八門，有的讓貓咪可以站著抓，也有的讓貓咪可以踩著抓。若貓咪不抓飼主準備的貓抓板，或許是那塊板子剛好不符牠的喜好。

玩具

雖說不一定要買玩具，但從琳瑯滿目的商品中慢慢挑選，也是養貓的一大樂趣。建議摸清楚貓咪性格後，才購買大型、高價的玩具。

外出籠

需要帶貓咪外出時（像是去醫院），就需要外出籠。外出籠有肩背、後背、前抱等各種款式，購買前也請先確認是否具備防止逃脫等安全功能。

貓跳台

貓跳台能有效預防貓咪運動不足並紓解壓力，但房間放不下的話也不用勉強設置。設計特殊的貓跳台不少，建議仔細挑選。

為了避免發生意外，挑選項圈時，建議選擇一拉就自動斷開，或是有彈性的款式。鈴鐺的噪音會害貓咪累積壓力，所以NG。

養貓的心理建設

貓咪的幸福取決於飼主。飼主為了心愛的貓咪該做的事

養貓的七大心理建設

❶ 由人配合貓

❷ 成為貓咪喜愛的飼主

❸ 別勉強管教貓咪

❹ 別期待貓咪回應

❺ 注意貓咪的健康與安全

❻ 視如己出，讓貓咪幸福

❼ 貓咪闖的那些禍，是飼主要設法避免貓咪去做

❶ 人配合貓

貓咪就算與人同住，體內還是保有強烈的野性本能。牠是不受拘束的動物，不可能照人類的意思行動。

❷ 成為貓咪喜愛的飼主

不可以要求貓咪回應或愛我們。能讓貓咪自己發出「再多愛我一點！」撒嬌，才是好飼主。

❸ 別勉強管教貓咪

貓咪就是罵也沒用、管也沒用。如果硬是強迫貓咪，最終只會被牠討厭而已。

❹ 別期待貓咪回應

忍住自己想看見貓咪開心模樣的期待，全力愛牠就對了，就算貓咪態度冷淡也別在意。

❺ 注意貓咪的健康與安全

貓咪的健康＆安全是飼主最重要的責任。無論何時，都別忘記只有自己才能守護愛貓生命。

❻ 視如己出，讓貓咪幸福

貓咪就像孩子，在任何情況下都必須好好守護，把貓咪當成家人全心全意愛牠吧！

❼ 貓咪闖的那些禍，是飼主要設法避免貓咪去做

面對貓咪的惡作劇與搗蛋行為，我們能做的只有「預防」。對於已經發生的事，請都當成是「自己的錯」。

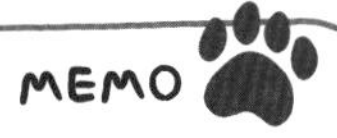

貓咪開心飼主就開心，
相信大家也都想與真心快樂的貓咪共同生活。

養貓是「預防」重於管教

要貓咪乖乖聽話，對雙方而言都是壓力

The Best 10

貓咪那些令人崩潰的事

1 標記行為
2 磨爪
3 亂大小便
4 亂藏、弄丟物品
5 太激動弄壞物品
6 亂咬亂抓
7 將文件或衛生紙抓得破破爛爛
8 誤飲、誤食
9 七早八早就叫人起床
10 掉毛

與其責罵管束，不如致力於建立貓咪能恣意生活的環境

貓咪討厭被限制。為了能與貓咪開心生活，請理解貓咪的習性，要有「不希望貓咪做的事就加以預防」的認知，並設法建立貓咪的好習慣。

貓咪有在固定場所排泄的習性，所以訓練牠定點上廁所會相對順利。而磨爪是本能行為，阻止不了，飼主可以在柱子與家具附近放置貓抓板，或修剪變長的爪子。

在貓咪想磨爪的地方設置貓抓板

為了防止貓咪用沙發或皮鞋磨爪，或是在皮製品上標記自己的氣味，建議在貓咪可能會磨爪的地方設置貓抓板，並藏好那些貓咪聞到氣味會有反應的東西。像是衣櫥等不想被弄髒的地方，也要設法讓貓咪無法進入。

貓咪活動範圍要收拾整齊

除了那些一撞就壞、一玩就掉的物品外，也不要放置容易掉進家具縫隙的物品。貓咪會跳到意想不到的地方，若飼主為了不讓貓咪碰觸而將物品放在高處，會有反效果喔。

物品隨意放置很危險

若貓咪不小心吞進小鈕扣、螺絲、線團等物品就糟了。沒收好的乾燥劑、青蔥、對貓有害的觀葉植物等，貓咪咬到可是會危及性命。這些都是飼主稍微用心，就能預防的基本事項。

亂大小便可能是貓砂盆有問題。掉毛可以透過梳毛預防。多陪貓咪玩應能減少問題行為。

無法養貓的人～在地街貓篇～

在規則範圍內疼愛貓咪，也能對社區與貓咪有所貢獻

為了減少不幸的貓咪，在社區一步步耕耘的活動

諷刺的是，過量餵養直接導致流浪貓快速增加，進而演變成當地問題。因此，各地開始推廣絕育手術，控制流浪貓繁殖數量，並由當地居民共同摸索規則，照顧「在地街貓」。其中一個例子，就是以「貓島」之名廣受討論的日本福岡縣相島。島上人們與在地街貓保持著恰到好處的距離，相島也因此成為熱門景點，因為各種因素而不能養貓的人、國內外的愛貓者都相繼造訪。

希望大家都能瞭解TNR

T是Trap（捕捉），N是Neuter（絕育），R是Return（放回）。捕捉流浪貓，幫牠們做完絕育手術後，再放回原處，是一種針對在地街貓進行的活動。由於流浪貓的壽命約有四年左右，反覆進行TNR，就能減少當地的流浪貓。也有些地區甚至會清理糞便、巡邏，並透過餵養來防止貓咪翻抓垃圾。

「領養流浪貓」這個選項

在能養貓後，領養流浪貓或許也是選項之一。流浪貓一開始或許不願敞開心胸、不習慣家貓生活，所以需要飼主長時間投注大量愛情。由於流浪貓大多身帶疾病，收養後第一件事就是請獸醫檢查。

注意！

不負責任的餵養NG

臨時起意或只顧自己方便的餵養行為，會對當地居民與貓咪造成麻煩。流浪貓會為了吃飯而群聚，還會吵鬧或翻抓垃圾，貓咪糞便也會弄髒環境，這些事甚至還會成為厭貓者攻擊的目標。

為了貓咪與人類能幸福共存，
就算不能養貓，仍有我們能思考、做得到的事。

無法養貓的人～貓咪咖啡廳篇～

專為愛貓者設計的療癒空間，能放鬆地好好感受喵喵魔力

乘著貓咪熱潮而快速展店，希望能找到自己的愛店

現已遍布全日本的貓咪咖啡廳，從大型連鎖店到小型店面，有著各種規模與類型。運作模式與價目也五花八門，有些店家開放顧客餵食貓咪與互動，有些店家則禁止顧客觸碰貓咪，也有兼做中途之家的咖啡廳。

在遵守店內規定的原則下，能找到喜歡的店，還能跟貓咪相處融洽的話，那真是再開心也不過的事了。

受店內貓咪歡迎的訣竅

- 別硬要摸貓，不追貓
- 不要一直盯著貓看
- 不要發出過大聲響，不要突然做動作
- 貓咪靠過來的話，用平穩的聲音呼喚牠
- 自然地配合貓咪的視線高度
- 等貓咪開始撒嬌，再溫柔地慢慢摸牠

在海外也廣受歡迎

據說貓咪咖啡廳源自台灣，但全世界似乎都認為是源自於日本。目前在倫敦、巴黎、紐約等歐美核心地區相繼開幕，還有傳聞說，有些店鋪的預約已排到好幾個月後了。愛貓者還真是不分國籍呀！

在能養貓前，去貓咪咖啡廳
一邊療癒身心，一邊預習未來生活也不錯。

溫柔對待貓咪

盡心打造讓貓咪感到安心、安全、放鬆的環境

貓咪是活在我們給牠的世界，所以要隨時觀察、彈性調整

對養在室內的貓咪而言，每天生活的家就是牠的「全世界」。瞭解貓咪習性後，重要的是給牠一個沒有壓力的環境，像是收好可能危害貓咪的物品、準備能好好放鬆的貓窩、花心思規劃高處生活的空間等，都是很基本的重點。而針對好奇心旺盛且活潑好動的幼貓，以及肌力衰退的老貓，注意事項也有所不同。請隨著貓咪各自成長階段，替牠準備居住環境。

打造舒適的生活環境

❶ 貓窩

請放在無人走動，或是桌子底下等，能讓貓咪安穩待著的地方。

❷ 貓跳台

有助於貓咪放鬆並改善運動不足的問題。若放在窗邊，貓咪就更容易看見窗外景色。

❸ 貓抓板

觀察貓咪喜歡的板子種類、喜歡磨爪的位置，將貓抓板放在那裡吧！

❹ 有高低落差的家具

貓咪喜歡跳上跳下，不想摔到的物品記得收好。

❺ 設置門擋

避免房門夾到貓咪，也能避免貓咪一撞門就不小心被鎖住。

❻ 高處窗戶也不能大意

貓咪愛往高處跳，窗戶沒關好會很危險。

建議完全飼養在室內的原因

若真心希望貓咪長命百歲，養在室內是最好的

只要住得快活，貓咪是完全不出門也OK的動物

或許大家無法想像，對貓咪而言，外面的世界危機重重，除了車禍、染病的風險，排泄物也可能會帶給鄰居困擾，因此目前日本推行的是完全室內飼養。

對養在室內的貓咪而言，外面的世界屬於「地盤外」，帶來的滿是不安。如果是農田多的地區，還要擔心貓咪可能會吃到農藥、除草劑，另外也要考慮到外面會有討厭貓咪、對貓咪過敏的人。

外面的世界充滿危險！

出車禍

貓咪看似身手矯健，其實是相當容易出車禍的動物。至於原因則眾說紛紜，有人說是因為當車衝過來時，貓咪不會逃走，反而會拱起背部採取防禦姿勢；也有人說是因為晚上貓咪被大燈照到時，會突然看不到東西而動彈不得。

被虐待

虐貓新聞時有所聞，厭貓者會因為流浪貓搗蛋而生氣或是懷恨在心，對已經習慣人類的家貓而言，也非常危險。

感染疾病

大部分的流浪貓都帶有疾病，跟牠們打架或接觸，染上疾病的風險很高。從草叢或其他貓咪沾染上的跳蚤或壁蝨，也是貓咪生病的原因之一。

MEMO

沒有完全室內飼養的貓咪，可能因打架而受傷，或是吃到農藥，也有不少是迷路後就回不了家。

屋內禁放的物品

有些人類使用的物品會對貓咪造成危害

房間的安全性比美觀重要，定期檢視也很重要

在人類的房子裡，有些東西會危害貓咪。例如，植物成分的精油對貓咪而言就是劇毒。此外，目前已知貓咪咬到會中毒的植物有兩～三百種，家中最好避免擺放觀葉植物或插花。而人類的藥物與營養補給品中，有些成分貓咪只要吃到少量就會致命，我們必須特別留意這些東西的存放場所。為避免發生意外，請經常檢視家中各處所擺放的物品。

需要小心的物品

精油／線香

精油含有數倍濃縮的植物成分有機化合物，對貓咪而言是刺激強烈的劇毒。

花／觀葉植物等

像是百合科、天南星科、蔥蒜類等，對貓咪有毒的植物高達數百種。

菸

就算是人類小孩誤食也很危險，對體型嬌小的貓咪也是一樣。

營養補給品

人類食用的營養補給品，就算對貓咪不具毒性，藥效也是過強，十分危險。

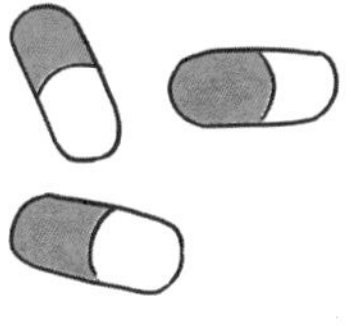

電線

貓咪玩弄或啃咬可能會觸電，藏不起來就包上保護套。

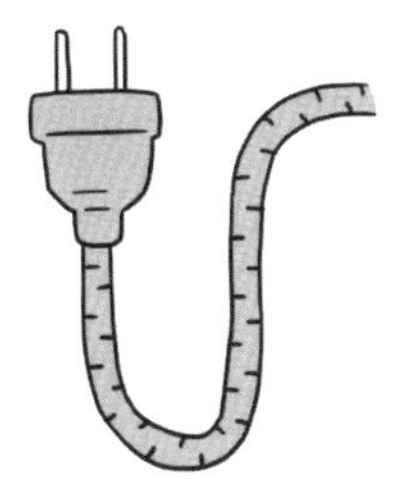

柑橘類的氣味

並非所有柑橘類都有毒，但貓咪討厭那個氣味。

運用貓跳台創造貓咪的放鬆空間

只要有個能悠閒下望的地方就能放鬆

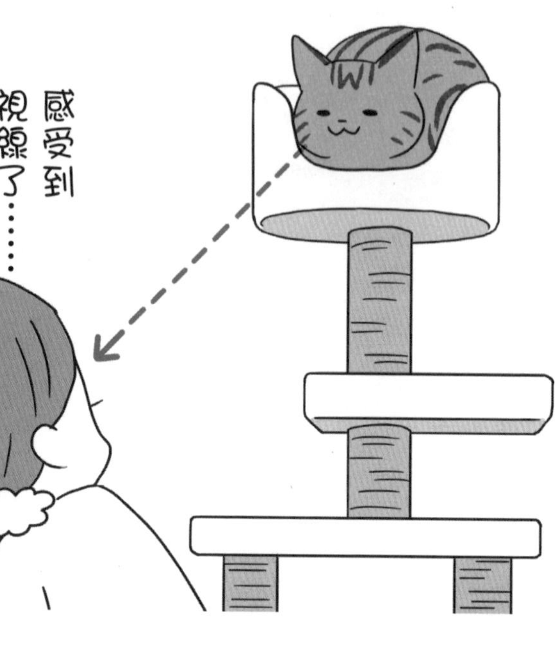

本能驅使貓咪想待在高處，請給牠一個能上下活動的環境

貓咪最喜歡高處，這是古早獨自狩獵時代所遺留下來的習性之一，因為在樹上等高處就能遠離外敵、監視獵物。此外，據說在貓咪的世界裡，搶到越高的地方，地位也越高。

請飼主理解這個習性，別在書架、冰箱上放置多餘物品，把能放鬆的高處空間留給貓咪。建議放個貓跳台，既能讓貓咪上下活動，也能解決運動不足的問題。

架設貓跳台的重點

也能以家具替代

若家中無法架設貓跳台，可以運用收納櫃等家具，創造高低落差取代。

架設在窗邊，方便看風景

大多數的貓咪都喜歡望著窗外世界，將貓跳台架設在窗邊，貓咪可以從高處眺望窗外會很開心。

選鋪毛的材質止滑

貓咪在玩貓跳台時，通常玩得很瘋，因此建議選擇鋪毛材質，才不容易打滑，對爪子與腳掌的負擔也比較小。

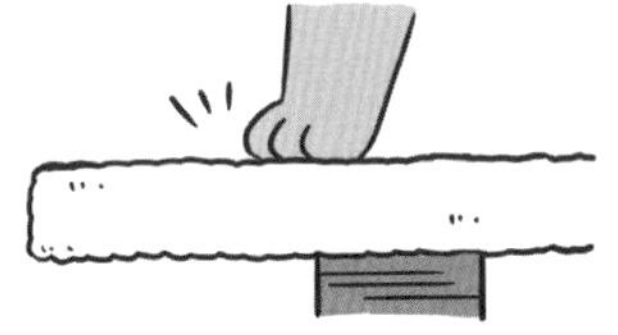

選擇圓角的跳台才安心

若是圓角的跳台，就算不小心撞到，也不太危險，這部分與養人類小孩的考量是相同的呢。

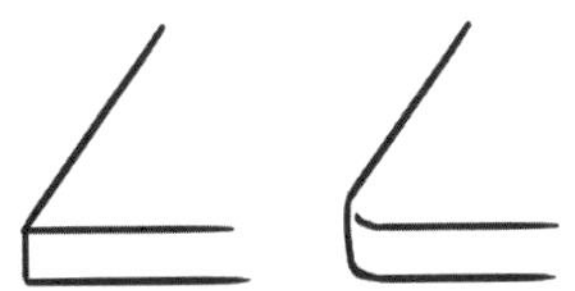

請考量不同年齡貓咪玩耍的便利性，像是幫幼貓與老貓準備踏階，或是縮短跳台高度差等。

再貴的貓窩也比不上紙箱

貓咪的幸福，就是在喜歡的地方盡情睡覺

現在迷上哪個位置？讓貓咪自由選擇睡覺的地方

貓咪一天平均睡十六～十七個小時，大半天時間都在貓窩中度過，對貓咪而言，貓窩是很重要的地方。貓咪喜歡的貓窩材質與放置地點，會隨個性、成長階段，以及溫溼度等外在因素而改變。建議在家中人類較少出入且光線刺激少的地方，擺放幾個舒適好睡的貓窩。但比起市售的昂貴貓窩，還是有不少貓咪反而比較喜歡臨時湊數的紙箱與毯子喔。

常見的睡覺場所

人類剛離開的坐墊

洗衣籃

浴缸蓋上

膝上

貓窩擺放重點

與人類生活空間的關係

請避開人類經常走動之處，建議在能感覺到人類動靜的地方、能單獨靜靜的地方等，分別在不同地點擺放貓窩，讓貓咪可以依照心情選擇。

與溫度的關係

請讓貓咪能自行選擇喜歡的溫度，像是在日照處與陰涼處都放貓窩、準備溫暖棉被與涼爽布料等，也有貓咪會來回走動，就像穿梭在「三溫暖與冷水池」之間。

擺放數個貓砂盆是最基本的要求

至少要擺放貓咪隻數＋1個。沒清理的貓砂盆是壓力來源

「吃進去排出來」是健康的基礎，請經常仔細確認

因為飼主無法在外出時與半夜清理貓砂盆，理想狀態是在家中兩～三處放置貓砂盆，讓貓咪隨時都有乾淨廁所可用。排泄狀況是健康指標，因此貓砂盆放在飼主看得到的位置比較好。飼主必須經常清掃，保持貓砂盆乾淨。尺寸部分，至少要讓貓咪在裡面能夠轉身。貓砂則讓貓咪多試試，找出牠喜歡的材質。

擺放貓砂盆有哪些重點？

貓咪在排泄時相當神經質，建議將貓砂盆放在安靜且不受打擾的地方，但也不能離貓咪平時活動範圍太遠，不然會害牠憋住不排泄。也要注意是否從家中各處都能抵達貓砂盆。若同時飼養多隻貓咪，要注意每一隻是否都有好好排泄。

讓貓咪選擇喜歡的貓砂

貓砂與尿墊種類多樣，貓咪都有自己偏好的氣味與觸感，我們無法加以限制。市售商品也各有特色，像是能夠直接沖馬桶的貓砂，或吸附尿液後會變色的貓砂（這種貓砂雖然打掃方便，卻很難觀察尿液顏色）等。

MEMO

**建議在新的貓砂盆中，
放一點沾有尿液氣味的舊貓砂或尿墊。**

一開始多試幾種貓抓板

有個能暢快磨爪的地方，貓咪與主人都開心

立式、板式、瓦楞紙、木板……請選擇貓咪喜歡的貓抓板

貓咪在家具與樑柱磨爪而留下抓痕，令飼主大傷腦筋。再怎麼警告貓咪，磨爪就是本能習性，很難阻止。

建議在容易成為貓咪磨爪目標的地方，像是家具、皮製沙發、樑柱等附近，放置貓抓板。貓抓板有各種材質，像是木頭、瓦楞紙、麻繩等，請讓貓咪多方嘗試，找出牠喜歡的貓抓板。掌握貓咪喜好後，再思考擺放地點、擺放角度、板子種類等。

讓貓咪磨爪更舒適

舊了就要換新

舊的貓抓板磨爪效果不好，抓起來暢快度銳減。不一定要買貴的貓抓板，但記得要經常更換。換新板子後，貓咪開心猛抓的樣子很可愛喔。

幼貓時就開始訓練

由飼主示範磨爪動作後，再輕輕抓著幼貓的前腳在貓抓板磨爪，讓牠模仿。若在地點與偏好上沒什麼特殊需求，多教幾次後，就應該就會在沾上自己氣味的貓抓板上磨爪了。

貓抓板擺放位置

- 貓咪想磨爪的地方
- 能安穩放鬆的地方
- 靠近布製、藤製家具的地方
- 靠近吃飯的地方

請飼主同理貓咪「爪子勾住好舒服～」的感覺，事先擺好貓抓板。有些貓咪習慣在飯後磨爪，因此也推薦在飼料盆附近擺放貓抓板。不要只顧人類方便，請配合貓咪的喜好擺放，才能預防貓咪亂磨爪。

留個門縫給貓咪

除了禁止進入的房間以外，都讓貓咪能自由進出

四處閒晃才是貓咪本色，被關著會累積壓力

有時候會聽見貓咪「喵～喵～」的叫聲，或是一直用爪子抓門，這是貓咪在說「幫我開門」的意思。家裡就是貓咪的地盤，牠會來回走動巡邏，或是為了找尋中意的睡覺地點、溫度舒適的地方，而在家中晃來晃去。

若因為租屋等因素，不方便在房門下方設置專用的「貓門」，則建議預先配合貓咪活動範圍，將各房間的門都留個小縫。

建立貓咪與房門的良好關係

貓咪適合吹冷（暖）氣嗎？

貓咪普遍怕冷耐熱，飼主吹的冷氣有時候對牠們而言太冷了。房門半開的話，貓咪還能自行尋找溫度舒適的地方。若房門緊閉，或是住在套房無處可避的貓咪，就太可憐了。建議提供不同溫度的場所，讓貓咪能從中挑選自己想待的地方。

憧憬的貓門

有個貓咪能自由進出的門，對貓咪與飼主而言，都十分便利舒適。有了貓門，冷暖空氣就不會散去，必須關門的房間也省去反覆開關房門的麻煩。話雖如此，額外增設貓門的難度頗高，建議在新建或重新裝修房子時，就將貓門納入設計規劃。

MEMO

有了門檔，就能避免貓咪撞到門鎖住自己，或是被門夾到，飼主也能比較放心。有些貓咪開門技巧高超，若不想讓貓咪開門，就記得把門鎖上吧！

外面很危險！創造不會逃家的環境

預防與對策兼備，就能安心度過每一天

單純好奇才會逃家，並非討厭家裡

大部分的貓咪一有機會就會逃家，建議在窗戶或陽台裝設保護網或防護柵欄，堵住可能潛逃的縫隙，也能避免貓咪發生墜落意外。貓咪也可能會在大門開啟瞬間衝出去，因此需要隨時注意並澈底預防，像是設置柵欄、隨手關上大門等。

此外，假如貓咪真的跑出去了，身上有寵物名牌或已植入晶片的貓咪，找回來的機率比較高，也是不錯的方法。

預防貓咪逃家

玄關

貓咪會提早注意到飼主到家了，為避免貓咪衝出去，在門內側加裝輔助門擋著比較安心。

陽台

像是從陽台跳下、沿屋頂逃走等，對貓咪而言都是輕而易舉的事。要防止的話，只能用網子包覆整個陽台，或是乾脆不讓貓咪去陽台。

窗戶

如果窗戶沒鎖好，有些貓咪會自己打開跑出去，是典型的逃家漏洞。至於預防方式，看是要完全關閉，或是留個比貓咪的頭還要窄的縫，再加上窗鎖固定。

萬一貓咪走失了

在住家附近搜尋

尋找貓咪時，請冷靜呼喚牠的名字。因為貓咪可能陷入恐慌，找貓時也請帶著外出籠或洗衣袋。

寵物晶片

將晶片植入貓咪體內，裡面記錄著飼主的聯絡方式、貓咪特徵等資訊。若收容所或其他機構救到貓咪，就可以掃描晶片找到飼主。關於植入晶片的詳細資訊，請洽詢動物醫院。

張貼尋貓啟事

附上貓咪照片與聯絡方式，請動物醫院與社區布告欄協助張貼。在住家附近擺放貓咪喜歡的食物也是個好方法。

也可以在項圈加上寵物名牌。
寵物店就能買到各式各樣的寵物名牌。

十歲後的老貓環境

貓咪也進入高齡時代，希望和牠在一起的時間越長越好

只要飼主用心，就能延長與貓咪相伴的美好時光

若希望貓咪長命百歲，從牠十歲開始，就要針對老化調整居住環境。

像是增加往高處的踏台數量，以減輕腰腿負擔，或是將貓咪平時的活動場所改成無障礙空間，也需要增加貓砂盆、貓窩、水盆數量，飲食也請改成「老貓配方」。對老貓而言，這個家就是自己的地盤，若要搬離或重新裝修，都是巨大壓力，飼主應盡力避免這些情況，才是真正替老貓著想。

飼主能替老貓做的事

注意室內溫度

貓咪跟人一樣，上了年紀就會開始怕冷。貓咪活一年相當於人類活了四年，現在適合的室溫，不一定與去年相同。在吹冷氣的季節，也請替貓咪準備暖和的棉被，讓牠能夠取暖。

改變室內布置NG

環境變化會對貓咪造成很大的壓力，在老貓身上更是顯著。除非迫不得已，否則請避免大幅更改室內布置或是搬家。就算真的要改，也請盡量維持貓咪常待地方原本的氣氛，貓咪用的工具也盡量不要換掉。

注意高低落差

若發現貓咪原本能輕鬆跳上跳下的高度，現在卻跳不過去，或是跳下著地時「咚」的一大聲，別忽略這些貓咪老化的徵兆。例如貓跳台、貓砂盆、沙發、貓窩等，請在這些貓咪日常用品上，增設斜坡或是輔助台階。

改變玩耍方式

貓咪跟人類一樣，常保好奇心、親密接觸、適度運動都是有益身心的事。如果貓咪越來越少在貓跳台跳上跳下，請飼主改拿牠愛的玩具陪牠玩，避免運動不足。

⓬ 為災難預做準備

不知道會發生什麼災難，請盡量準備周全

準備人類避難包時，也準備一套貓咪的

像是颱風、地震、水災、火災等，貓咪也需要針對這些緊急情況做好準備。請準備一個貓咪的避難包，裡面放三～五天分的藥品、飼料、水、排泄用品，以及飼料盆、慣用的毛毯等。

此外，也請記得放入數張貓咪照片，以及寫有健康狀態與飼主聯絡資料的筆記，為走散時預作準備。平時就該讓貓咪習慣籠子與外出籠，預習準備可能的避難生活。

貓咪避難包要裝哪些物品？

若已事先植入晶片……

若走失的貓咪被送往能讀晶片的收容所或是動物醫院，就能直接通知飼主，也建議在寵物名牌上寫好飼主聯絡資訊，平時就繫在項圈上。

清單

- □ 飼料（若為處方貓食要準備更多）
- □ 水（五天分以上）
- □ 藥物
- □ 飼料盆
- □ 毛巾、毛毯類
- □ 排泄用品（慣用的貓砂或尿墊）
- □ 貓咪照片
- □ 尋貓用的傳單（內容包含：照片、健康狀況、飼主聯絡方式）
- □ 常去的醫院的聯絡方式
- □ 梳子
- □ 玩具
- □ 洗衣袋

MEMO

也有些人會以「播放地震警報鈴聲→餵貓咪吃點心」的方式，訓練貓咪遇到緊急狀況時不被嚇跑。

飲食的基礎知識～次數、分量、種類～

只要遵守每日攝取量，就不用過度緊張

普遍是少量多餐，也有很挑嘴的貓咪

一般而言，成貓每天進食兩次，但其實貓咪本來就沒有在固定時間進食的習慣，「我想吃的時候就是吃飯時間」才是牠的真心話。

其實只要有達到每日攝取量，分成幾餐都OK，少量多餐也沒問題。建議主食準備標有「綜合營養貓食」的飼料，而標有「一般貓食」的飼料則適合當成點心或加菜用。

主要吃乾飼料＋水

乾飼料的特色

只餵標有「綜合營養貓食」的乾飼料是OK的。乾飼料比較耐放，一次給滿一整天的分量也沒問題，也請確保貓咪隨時有新鮮的水可以喝。此外，乾飼料開封後，記得在一個月內吃完。

溼式貓食的特色

因為容易變質，請記得每次都餵一餐能吃完的分量就好。溼式貓食比乾飼料貴，大多屬於一般貓食，適合當成點心。因為含水量高，有些人會特別餵給不愛喝水的貓咪，輔助補充水分。此外，也有人說餵溼食容易導致齒垢堆積。

MEMO

飼料會依照不同成長階段、生活型態劃分，像是適合幼貓、成貓、老貓、室內貓等，請飼主依需求挑選餵食。

貓咪不肯放棄討食的話……

若貓咪瘋狂討食，吵得飼主無法好好吃飯，只在吃飯時間將貓咪帶出房間也是一個方法。就算覺得貓咪很可憐，也比拗不過牠，忍不住給出人類食物還要好。飼主吃飽後，再好好跟貓咪玩、摸摸牠吧。

人類食物絕對NG

相信有不少貓咪會在飼主吃飯時跑來討食，一看到貓咪可愛的動作，就忍不住想給牠食物對吧？但是，為了貓咪好，請狠下心來不要給牠。人類的食物對貓咪而言，不但調味過重，還可能混有會害貓咪中毒的食材（青蔥、洋蔥等），吃下肚後也可能引發其他疾病。

邁向減肥成功之路

貓咪跟人類一樣，一發胖就很難瘦回來，因此最重要的就是避免發胖。貓咪減肥時，必須減少餵食分量，並使用減肥專用飼料，還要讓牠多運動。請飼主努力別在貓咪討食時心軟，就算貓咪不吃減肥專用飼料也不氣餒，並多陪貓咪玩耍吧！

肥胖乃萬病之源

貓咪原本是努力狩獵後，有抓到獵物才能進食的動物。養在室內的貓咪，除了運動量不足，食物還每天都會自動送上門來。如果每次討食都給牠的話，很快就會變胖。肥胖乃萬病之源，請飼主好好管理貓咪的進食量。

不吃飯就使出「加點料」戰術

花點心思喚起貓咪「想吃東西的慾望」

貓咪也可能會突然拒吃平時吃慣的飼料

雖說貓咪算是味覺相對遲鈍的動物，但要吃不吃的狀況與食慾波動並不罕見。這種時候，請花點心思在吃慣的飼料上加道手續，像是加熱、用熱水泡軟、在上面放點溼式貓食等，來刺激貓咪的食慾。此外，有些貓咪在不滿意吃飯場所或飼料盆的時候，也會突然不吃飼料。若貓咪連續兩～三天食慾不振，可能是得了牙周病或內臟疾病，請帶牠就醫。

特別替貓咪準備的手工食物就OK

如果想開心地與貓咪一起吃飯，就要特別準備一份貓咪餐，煮的時候不調味，也不要使用高湯粉（鹽分比想像還多）等調味料，飼主吃的就等盛盤後再調味。貓咪喜歡吃水煮的肉和魚，與清蒸魚，就算貓咪不吃，人類吃掉就好，也不會浪費食物。

貓咪只吃肉比較好？

貓咪原本就是肉食性動物，無法消化吸收蔬菜、穀類。若餵食過量魚類，氧化後的油脂容易附著在內臟。就貓咪身體的運作機制而言，可以說是純肉食也沒有問題。

可以少量餵食的食材

（全部僅限無調味的食物）

- 煮熟的肉／魚／蛋
- 海苔
- 塊莖塊根類
- 豆類
- 白飯
- 柴魚乾（只能一點點）

請以「巧思、用心、意志力」維護貓咪的優質飲食。

貓咪不能吃的東西

小心！飼主的餐桌危機四伏

對嬌小身軀而言少量就會出大事，一點點就可能導致嚴重事故

如果貓咪在你吃飯時靠過來，總是忍不住想分牠一點對吧？但你可能在不知不覺中，給出危險食材喔！

最典型的就是洋蔥、大蒜、韭菜，會引發貓咪貧血與急性腎衰竭。若貓咪吃下大量巧克力，甚至會導致死亡。而一般認為貓咪愛吃的魚類也必須小心，像是食用過量青背魚就不ＯＫ。此外，貓咪也不能喝含酒精與咖啡因的飲料。

禁食一覽表

酪梨

會引發痙攣與呼吸困難，對人類以外的動物而言，是容易導致中毒的食材。

堅果類

與果核類相同，可能會害貓咪氰化物中毒。

生的烏賊／章魚／蝦子

容易消化不良。吃進大量生烏賊會讓貓咪缺乏維生素B1。

巧克力

可可裡所含的成分，會害貓咪陷入嚴重中毒症狀，非常危險。

酒精類

對於無法分解酒精的貓咪而言，就算只有少量，也很容易中毒。

洋蔥／青蔥／大蒜／韭菜

是會導致貧血與腎衰竭的極度危險食材，就算加熱也無法去除有害成分。

蘋果／桃子／櫻桃等的果核與葉子

就算只有少量，也含有進到體內就轉換成氰化物的物質，最好不要餵給體型嬌小的貓咪。

青背魚／鮪魚

若貓咪大量食用這類生魚肉，將導致維生素E不足。以魚為主原料的飼料中，會額外添加維生素E，所以沒問題。

調味料／辛香料

這類含有高鹽分、刺激性強的東西，是腎衰竭等各種疾病的源頭。

咖啡／紅茶

具有興奮作用，對體型嬌小的貓咪而言過於刺激。

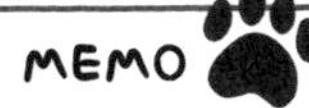

飼料就足以提供貓咪身體所需營養。請飼主提供專用飲食，貓咪才能安全且健康地生活。

防止貓咪誤飲誤食

並非想吃才吃，而是因為東西就剛好出現在那邊

解決之道是收好危險物品與陪玩抱抱

貓咪的誤飲與誤食（像是不小心將緞帶或塑膠袋吃進體內），幾乎都是貓咪看到想玩，才不小心吞進去，並非貓咪自己想吃那些異物。

重要的是，別將貓咪可能誤飲誤食的物品隨意丟在房間裡。此外，有些貓咪因為提早離乳，會將羊毛等物品當成乳房吸食，一不小心就吃進去。請飼主成為貓咪的玩伴，填補牠在情感上不滿足的部分，進而預防誤飲與誤食。

有異常請直接就醫

若誤食小物品，可以等它自然隨糞便排出，但還是可能會傷及內臟，或是阻塞引起身體不適。特別是幼貓，誤食異物而導致病危的例子並不罕見。若貓咪不吃飯，一副病懨懨的樣子，建議盡快就醫。

恐有誤飲誤食之虞的物品

- 針

- 橡皮筋

- 鈴鐺

貓咪天性愛玩，因此飼主要特別小心長條狀、亮晶晶的東西，以及容易掉在地板上的小物品。有時照了 X 光後，才發現貓咪吞進令人匪夷所思的物體。誤飲誤食通常需要動手術取出，無論是對貓咪還是飼主，都是很大的負擔。

- 鈕扣

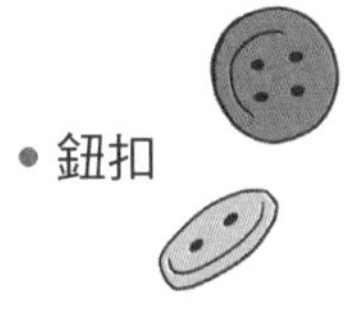

- 毛線球

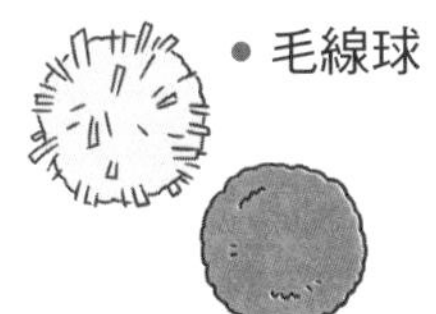

- 毛線

- 緞帶

整理房間是貓咪能安全舒適生活的第一步，小東西切勿隨意亂放。

水要新鮮並多處設置

方便飲用且新鮮的水，是維持健康不可或缺的要素

想到就喝，也喜歡邊玩邊喝

貓咪要健康，飲水與進食同等重要。因為貓咪沒有在固定場所喝水的習慣，所以不可以將水盆放在一個固定地點。建議飼主在家中各處放置水盆，花點心思提升貓咪喝水次數。

此外貓咪喜歡喝新鮮的水，保持水質新鮮的訣竅是水少了不要補充，而是每次都清洗水盆，重裝新鮮的水。礦泉水屬於硬水，會導致泌尿道結石，請不要給貓咪喝。

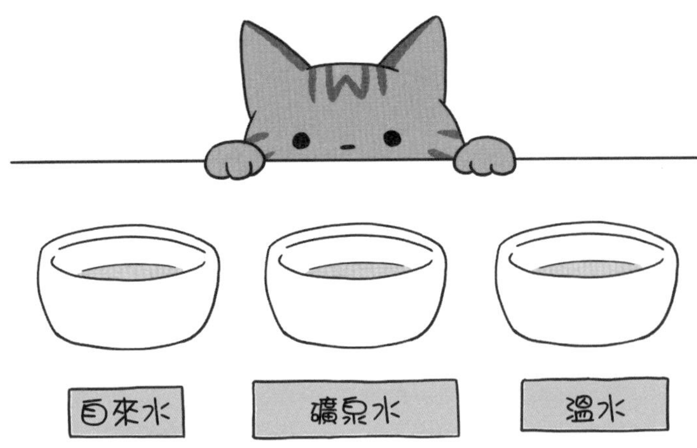

找出貓咪愛喝的水質

或許是承襲了沙漠祖先們的習性，大部分的貓咪都喜歡喝路途中突然發現的水。有些貓咪喜歡喝從水龍頭不斷流出的水，或是喜歡舔飼主剛洗好澡時身上的水滴，這可能是想追求那種自己發現水源的快樂吧。貓咪寒冷的時候也很愛喝熱水喔。

水盆要遠離貓砂盆

貓咪愛乾淨又對氣味十分敏感，不喜歡在貓砂盆旁邊飲食。請將飼料盆、水盆盡量放在不會看到貓砂盆的地方。此外，貓咪不會同時吃飯又喝水，因此將水盆與飼料盆放在不同地方也沒問題。

對水盆有偏好嗎？

有些貓咪討厭喝水時鬍鬚碰到容器，建議使用寬口水盆。貓咪也不喜歡與其他貓咪共用水盆，若家裡養了好幾隻貓，水盆個數請務必大於貓咪隻數。

每天清掃貓砂盆

希望能在乾淨廁所解放身心

不掃廁所會害貓咪憋尿或失禁，會生病的！

貓咪的尿液相當濃，糞便也因為肉食性而散發濃烈氣味。牠們愛乾淨又對氣味敏感，所以不可能願意踏進未清理的貓砂盆。若飼主不清理貓砂盆，會害貓咪憋住不排泄而生病，甚至在其他地方亂大小便。請飼主在貓咪排泄後，立刻鏟除排泄物與髒掉的貓沙，約二～四週要清洗貓砂盆，將貓砂整個換新。清洗貓砂盆時，記得別用貓咪討厭的柑橘香味清潔劑喔。

一天排便一次就算順暢

雖然因貓而異，但基本上一天排尿二～四次左右、排便一次左右，就代表貓咪很健康。若觀察到貓咪兩天排尿少於一次或多於七次，且情況持續，就很有可能是生病了。不過，就算貓咪兩～三天才排便一次，如果都有好好大出來且精神狀態不錯，也沒問題。若貓咪四天以上未排便，或是大便時痛苦地出力或嗚叫，飼主就要提高警覺觀察，身體一有異狀就送醫。

打掃貓砂盆的重點

在整個貓砂盆都髒掉前就打掃最省事，貓咪一排泄完就清除髒貓砂，也能避免貓砂盆散發惡臭。清理時請順便觀察尿液與糞便，將有助於貓咪的健康管理。一天至少要清一～二次，然後每月換新全部貓砂並清洗整個貓砂盆，洗乾淨後最好能曬太陽晾乾。

柑橘類的清潔劑NG

貓咪對氣味十分敏感，不要使用帶有香味的清潔劑比較保險，特別是避免使用貓咪討厭的柑橘類香味清潔劑。一旦貓咪開始討厭貓砂盆，可能就會養成憋著不排泄的壞習慣。

為了避免清洗貓砂盆時，貓咪沒有廁所可上，請至少準備兩個貓砂盆，並錯開清洗時間。

貓咪一天會睡十六小時

營造貓咪好眠環境，享受天使睡顏療癒身心

一直睡也沒關係，這是牠嬌小卻勇健的秘訣

貓咪除了狩獵，其餘時間都在睡覺以儲備體力，一天會睡到十六～十七小時，這是野生時代遺留下來的習性。話雖如此，其中將近十二小時是淺眠打盹，大腦活躍但身體放鬆，腿與尾巴會不時抽動。

貓咪睡姿可愛，讓人忍不住想觸摸，但貓咪熟睡時絕對不要吵牠，睡不好可是會累積壓力的。

讓貓咪自行選擇喜歡的地方

貓咪會依照當下心情，睡在想睡的地方，請替牠準備各種情境的休息處。也有些貓咪喜歡睡在飼主膝上，或是依偎在飼主身旁睡覺。時間允許的話，就不要亂動陪著牠，但若有其他事要忙，就輕輕地將貓咪移到安穩的地方吧！

怎樣叫做睡不好？

- 翻來翻去
- 反覆換位置躺
- 尾巴不斷拍打

沒冷氣也能好眠

耐熱的貓咪不太需要吹冷氣，尤其是睡覺時喜歡比平時還溫暖的環境，然後再找一個自己覺得最舒適的角落（涼爽的地板等）睡覺。貓咪討厭開著冷氣的寒冷房間，也討厭直接吹到冷風。記得在開冷氣的房間留個門縫，讓貓咪能自由進出。

貓咪的睡眠時間很長，甚至還有「貓」（neko）這個名字是取自「能睡的孩子」（neruko）的說法。

理毛是為了讓自己平靜下來

以舌頭舔毛，再次確認自己的氣味

祖傳的健康指標

貓咪祖先會舔拭全身調節體溫，一般認為理毛是遺傳自這個習性。此外，貓咪被飼主責罵後就開始理毛，這是一種「「轉移行為」（displacement behavior），能讓自己恢復平靜。若貓咪理毛的頻率比平常高，可能是心中累積了壓力；若不理毛，可能是生病或是身上藏有傷口。理毛是貓咪身心健康的指標，請飼主提高警覺觀察。

兒時記憶影響至今

出生一個月左右的幼貓還無法自行理毛，所以母貓會用舌頭幫忙舔毛，這個動作具有按摩效果，對幼貓而言是無比幸福的時光。貓咪理毛就能安撫情緒，或許正是因為這個充滿幸福的回憶。

透過理毛重振心情

有時候會看見爭吵中的兩隻貓咪突然開始理毛。這與悠閒放鬆的理毛不同，是貓咪為了抑制興奮情緒，用理毛鎮定情緒，跨越當下僵局，進到下一步行動的儀式。

毛能除去老舊毛髮與皮膚，
用舌頭按摩還有促進血液循環的效果。

磨蹭就有在地盤內的安心感

看見生面孔先磨蹭再說

貓咪不安時就讓牠磨蹭吧

貓咪常以身體與頭部緊貼物體磨蹭，這個「蹭蹭」的動作是一種標記行為，為的是讓地盤內的物品與人類沾上自己的氣味。沒有沾上自己的氣味，貓咪就無法冷靜，所以會頻繁地想磨蹭物品。若家中飼養多隻貓咪，牠們還會彼此磨蹭交換氣味。當貓咪靠近想要磨蹭你，不要摸牠或抱牠，就讓牠盡情磨蹭，才能安心下來。

全部都要有我的味道！

無論是飼主還是家具，貓咪總是希望身邊所有物品都有熟悉的氣味。

巡邏地盤是例行公事

磨蹭是帶有宣示地盤意思的標記行為。然而，磨蹭的標記效果比尿液與磨爪短暫，因此巡邏地盤順便四處蹭蹭，就成為貓咪每天的例行公事。

向飼主打招呼

據說貓咪用頭部磨蹭飼主手掌或手臂的行為，多半是在打招呼。這個說法源自貓咪們彼此打招呼的動作，搞不好你的貓咪其實是想跟你互相蹭頭呢。

緩慢眨眼是喜歡的訊號

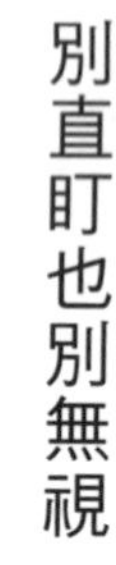

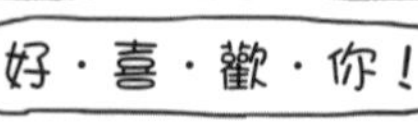

透過眨眼，分享安心與幸福的感覺

貓咪對飼主眨眼，是真心信任的訊號。放鬆時，除了眨眼之外，有時候也會拋媚眼或兩眼緊閉。相反地，若貓咪張眼緊盯著你，代表牠很緊張。貓咪吵架時，也是其中一方撇開視線前都不會眨眼。在飼養初期或是接觸其他貓咪時，若牠一直盯著不眨眼，就由我們緩慢眨眼，讓牠放下戒心吧！

對陌生人是警戒，對熟人是打招呼

對於擁有強烈警戒心的貓咪（流浪貓等）而言，會直盯需要防備的對象，想要看清對方身分而不逃避，是因為感受到對方散發出對自己的敵意。家貓則不同，與飼主對看只是單純打招呼而已。

眼比口更能傳意……？

但也不能將貓咪發出的眼神接觸，全都當成打招呼而直接忽略。因為貓咪無法說話，取而代之的是透過眼睛向飼主傳遞訊息。貓咪凝視的眼神所代表的意思也是百百種，請平時就多與貓咪溝通。

放任不管的話……！

假如飼主持續忽略貓咪發出的「想玩耍視線」，牠就會漸漸改由實際行動來達成目的。像是直接躺在攤開的報紙上，或是趴在電腦鍵盤上阻礙飼主工作，都是貓咪在表達「理我一下」的訊號。

貓咪緩慢眨眼也有可能是想睡覺了，我們就也眨回去，讓牠能安心入睡。

踩踏行為是奶貓時期的回憶

想到媽媽就忍不住做出動作

無論長多大，貓咪就是愛撒嬌

貓咪在毛毯、棉被等物品上「踏踏」的動作相當可愛。雖然這個動作看似睡前準備，但其實是奶貓時期遺留下來的習慣。為了促進母乳分泌，小貓會邊喝母奶邊用前腳踩踏按摩貓媽媽的乳房。或許是想重溫當時愉快與安心的感覺，就算已經是成貓，碰到毛毯、棉被等柔軟舒適的物品，就會開始「踏踏」。

每種稱呼都好可愛！

踏踏？踩踩？開掌花？

踩踏是貓咪特有的撒嬌行為，第一次看到的人大多覺得不可思議。實際上，這個踩踏動作不只是用腳輪流下壓，同時還會搭配腳掌開合，因此也有人稱為踩踩或開掌花。

無論長多大都是寶寶

吸吮飼主手指跟踩踏一樣，都是貓咪的撒嬌行為，這個動作也是源自奶貓時期。有些貓咪在很小的時候，就戒掉吸手指撒嬌的習慣，也有些貓咪在變成老貓後，才像是突然想起似的開始吸吮飼主的手指。

家貓的特徵之一，就是常保稚氣，在飼主面前永遠都是小寶寶。

呼嚕聲之謎

運作機制未解的叫聲，原來有這麼多意思

不只代表心情好，還有要求、療傷的功能

讓飼主撫摸著脖子的貓咪、吸著母奶的幼貓等，都會發出「呼嚕呼嚕」的叫聲。貓咪發出這種呼嚕聲時，多半是心情正好的時候，但呼嚕聲有時卻代表其他意思，像是有「給我食物」這種「提出要求」的意思，也有一種說法是身體不好時，貓咪為了提高自癒能力，而發出呼嚕聲。

呼嚕聲用途多樣，但詳細的發聲機制則仍是個謎。

無關聲音大小

呼嚕聲的大小與貓咪的心情無關，有些貓咪的呼嚕聲要耳朵貼緊腹部才聽得到，也有些貓咪的呼嚕聲大到從隔壁房間就能聽見。

天生就會呼嚕呼嚕嗎？

貓咪一出生就馬上學會呼嚕叫，放鬆地喝母乳時，就會頻繁發出呼嚕聲。還有一種說法是，貓咪的呼嚕聲會促進母貓分泌乳汁。

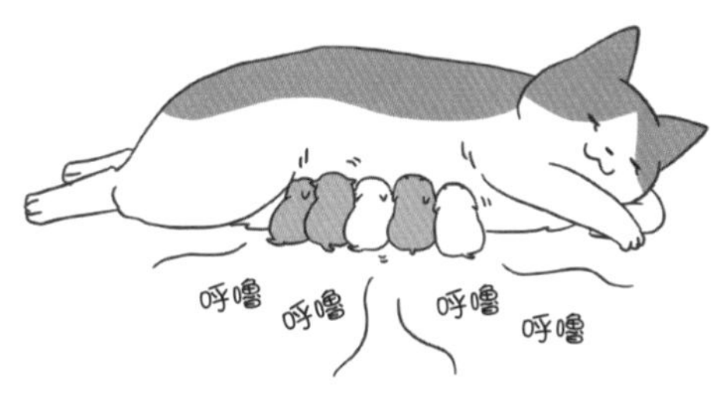

為了療傷而呼嚕呼嚕？

除了心情好與感到放鬆之外，身體不適時貓咪也會呼嚕叫。據說是透過叫聲的震動，刺激骨骼並加速新陳代謝，有提升體內自癒力的效果。

也有貓咪會在診療台上呼嚕叫，讓醫生聽不到心跳聲。

磨爪是為了保養武器與宣示地盤

保養武器與宣示地盤是貓咪的本能

是本能行為，也是貓咪健康指標

貓咪的爪子為雙層構造，外層是指甲，內層則是神經與血管。貓咪磨爪主要是為了剝除老化的外層指甲，其次也有標記自己氣味宣示地盤的意思。

對貓咪而言，爪子是重要的武器，也是標記的工具之一。若貓咪不磨爪了，可能是關節痛等疾病，還請飼主觀察貓咪的坐姿與走路方式加以確認。

無法克制的生物本能

就像我們會修剪過長的頭髮，貓咪也會想換掉老舊的爪子。而磨爪也有標記的功能，是為了宣示地盤的重要行為。爪子是武器，也是標記地盤的重要工具，我們不可能剝奪貓咪為了生存的本能行為。

讓貓咪在規定區域磨爪

既然無法阻止磨爪本能，就替貓咪準備磨爪的地方吧！最好在不想被抓的家具上，噴灑貓咪討厭的氣味或蓋上保護墊。相對地，也要替貓咪準備牠喜歡的貓抓板。

標記行為就是在占地盤

噴尿與磨蹭都是為了宣示地盤

這裡那裡，四處標記

貓咪讓地盤內的物品都沾上自己的氣味，這個習性稱為「標記」。位於下顎、臉頰，與肉球上的費洛蒙腺體會散發出自己的氣味，用以宣示地盤。費洛蒙腺體所散發出的味道人類幾乎無法察覺，但貓咪為了標記地盤而噴出的尿液，氣味則十分濃烈。大多數的公貓在絕育後，就會減少噴尿的標記行為，但可能因為壓力使噴尿次數增加，若出現這種情況，還請飼主檢視一下生活環境。

標記行為的重點

噴得越高越好！讓自己看起來更大隻！

貓咪為了盡量在高一點的地方留下自己的氣味，會在高處噴尿。從標記的位置，讓自己看起來更大隻，威嚇想侵入地盤的敵人。公貓噴灑臭味濃烈的尿液，為的是守護地盤。

時限為二十四小時！

噴尿的標記效果大約持續二十四小時左右，貓咪或許是覺得氣味稍微減弱地盤就會不保，就算仍殘留明顯氣味，還是會每天重新標記地盤。養在室內的貓咪也有相同習性，所以會每天巡邏家裡。

母貓噴尿氣味較淡、次數較少，而公貓噴尿氣味濃烈，這是因為公貓要捍衛地盤，獨占地盤裡的母貓。

後腳踢是狩獵訓練

狩獵本能一旦覺醒，擋也擋不住

有時還會因為精力過剩而受傷……

貓咪後腳猛烈踢擊源自狩獵本能，目的是咬住獵物後，以踢擊消耗獵物體力，因此一旦開始就停不下來。另外，貓咪在想玩耍、心情不好的時候，也會開始踢來踢去，還可能會邊踢邊咬，飼主要特別小心。想要有效阻止貓咪踢擊，可以拿玩偶等物品轉移牠的注意力。建議飼主平時就多陪貓咪玩耍，滿足牠的狩獵本能吧！

擋不了也停不住的後腳踢

曾為獵人的記憶

貓咪只對會動的物體使出後腳踢，因為野生的貓咪捕獲獵物後，就會以踢擊阻止獵物掙扎。先用前腳制伏獵物，再用後腳踢削弱獵物體力，最後用尖牙給獵物致命一擊。

別對本能行為生氣

跟標記一樣，我們也無法制止貓咪出自生存與狩獵本能的行動。面對講不聽的貓咪，飼主不可以責罵，請給牠玩偶、靠墊等物品，來滿足本能。

跟標記一樣，我們也無法制止貓咪出自生存與狩獵本能的行動。面對講不聽的貓咪，飼主不可以責罵，請給牠玩偶、靠墊等物品，來滿足本能。

夜間運動會是模擬狩獵

今晚還有體力，排除萬難舉辦夜間運動會！

還想說是什麼聲音……

噠噠噠噠噠噠噠

夜晚是貓咪的狩獵時間

當飼主準備就寢，貓咪卻開始鳴叫、跑來跑去；快天亮時，貓咪就開始躁動，叫飼主起床；多貓家庭甚至直接上演追逐戰，演變成夜間運動會。

貓咪祖先習慣在日夜交接的時間帶狩獵，在深夜與清晨模擬狩獵的「夜間運動會」，就是遺傳自這個習性。若睡前讓貓咪充分玩耍釋放精力，飼主與貓咪應該都能一夜好眠。

多貓家庭可能會發展成鬼抓人

被視為狩獵訓練的夜間運動會，若發生在多貓家庭，貓咪們會輪流當鬼，大玩特玩鬼抓人，邊玩邊學習捕捉獵物的動作，也有助於強化心肺功能與肌肉。

解決運動不足的問題

夜間運動會除了是源自狩獵本能的習性，也能抒解因運動不足所累積的壓力。建議飼主睡前拿玩具陪貓咪玩耍，不僅解決運動不足的問題，還能讓雙方都熟睡到天明。

MEMO

睡前運動不但能紓解貓咪壓力，若能養成習慣，也有及早發現貓咪異狀的效果。

頻繁啃咬是壓力徵兆嗎？

啃咬原是狩獵練習，但過於頻繁就要小心

平時多留心，不漏看貓咪發出的任何徵兆

我們摸貓時偶而會被啃咬。貓咪啃咬有很多原因，其中一個是源自狩獵本能，飼主的手誘發了貓咪的狩獵本能，便將手當成獵物咬了下去。或是因為離乳後仍殘留喝奶的感覺，所以會啃咬人的手指或是玩偶等物品。也可能是被摸得不舒服，感到壓力而攻擊。飼主平時就應該好好觀察貓咪，擔心就詢問獸醫。

如何處理傷腦筋的啃咬行為

無視是最好的預防方法

有啃咬行為的幼貓，由於缺乏經驗，所以無法控制啃咬力道，建議在有人受傷前就加以預防。貓咪咬人時，請飼主務必貫徹「無反應」、「無視」的原則，讓貓咪學會「啃咬就沒人陪自己玩」，就能預防貓咪養成啃咬的壞習慣。

頻繁啃咬請就醫

啃咬行為的原因，除了練習狩獵之外，也可能是因為壓力累積。若貓咪頻繁啃咬，就需要釐清原因，別不明就裡地責罵。也有可能是飼主碰到貓咪敏感部位而不自覺，害牠生氣了。

啃咬行為的原因，除了練習狩獵之外，也可能是因為壓力累積。若貓咪頻繁啃咬，就需要釐清原因，別不明就裡地責罵。也有可能是飼主碰到貓咪敏感部位而不自覺，害牠生氣了。

「喀喀喀」是興奮時從喉嚨發出的叫聲

只有貓咪才會如此展現狩獵本能

喉嚨叫聲洩漏了狩獵本能

大家是否曾聽過面向窗戶的貓咪發出「喀喀喀」的叫聲呢？這是貓咪看見獵物的興奮反應，稱作「chattering」。

當貓咪看見窗外的麻雀或蟲子等生物，想抓卻無能為力的焦急感與捕食慾望，都轉換成「喀喀聲」表現出來。因為不是每隻貓咪都會這樣叫，初次看到的人或許會嚇到，不過別擔心，這是正常的貓叫聲喔。

只有貓咪才會的神秘叫聲

「喀喀喀」是貓咪看見窗外的獵物後，感到焦急所發出的叫聲。雖然不是每隻貓咪都會喀喀叫，但這是貓咪特有的叫聲，同為貓科動物的獅子與老虎並無法發出這種聲音。

眾說紛紜真相未明

目前雖然已知「喀喀叫」是貓咪看見獵物時才會發出的聲音，但仍不清楚貓咪這麼做的理由與叫聲代表的意義。有個說法是，貓咪對獵物並非感到焦急，而是為了激起狩獵士氣，才發出喀喀聲。

貓咪喀喀叫時，可能是發現獵物正在興奮，或是模擬狩獵中，最好不要打擾牠。

確認嘔吐物的內容

平時就要檢查嘔吐物的內容並記錄次數

只是習性？還是疾病？

貓咪比人類還常嘔吐，特別是長毛貓，理毛時會不小心吞進脫落的毛，所以常會吐毛球。

貓咪嘔吐時，記得檢查嘔吐物。若是混雜飼料、毛、草，可視為正常；若混雜著蛔蟲、血，或是帶有藥品臭味，就要特別當心，可能是貓咪已經生病或是誤吞異物。記得先拍下貓咪嘔吐物，再詢問獸醫。

發現貓咪嘔吐時，該確認的事

只要符合任何一項請直接送醫

1. 嘔吐次數一週超過兩次
2. 最近體重減輕了
3. 沒食慾
4. 嘔吐物中混雜血液
5. 有腹瀉傾向

吐不出來可以給貓草

貓草刺刺的葉片會刺激胃部，有促進貓咪吐出毛球的效果。若貓咪（長毛貓等）無法順利吐出毛球，可能會積在胃裡，飼主平時就要觀察貓咪吐毛球的狀況，視情況給點貓草。

短毛貓不像長毛貓那麼會掉毛，所以不太會吐毛球。若短毛貓太常吐毛球，可能是生病了。

待在高處就能心情平靜

「高處＝安全」的想法，就刻在貓咪的基因裡

可攻可守，是貓咪的最佳據點

大家都知道貓咪喜歡待在高處，室外的屋頂、磚牆上，室內的衣櫥、桌上等，都是貓咪的專屬座位。這是從野生時代承繼下來的習性。

野生貓咪住在樹上，不僅不易遭受地面敵人襲擊，還更容易發現地面上的獵物。對貓咪而言，高處是能保護自己的安全場所。人類覺得高處危險，但對貓咪則是相反呢！

高處的敵人比地面少

野生的貓咪基本上是獨自狩獵，據說為了在狩獵時能確保自身安全，偏好在高處行動。流浪貓之所以在高處慵懶休息，也是出自本能，保護自己不被散步的狗、附近的小朋友騷擾。

少數能看出階級關係的地方

雖然貓咪彼此不會建立上下階級關係，但一般認為待在高處的貓咪處於強勢地位。若有一隻實力較強的貓咪走近，較弱勢的貓咪就必須讓出高處的位置。

當爭奪地盤快要打起來時，只要實力較強的貓咪一站上高處威嚇，弱的那隻便會蹲低身體躺下以示投降。

在狹窄處也能感到心情平靜

前往更暗更窄之處！尋找合身場所的旅程將永不停止

歷代祖先都喜歡狹窄的地方

貓咪最喜歡狹窄處，像是狹小的紙箱裡、家具之間的縫隙等，為什麼貓咪總想鑽進這些侷促之處呢？

原因之一是狹窄處就跟自己的地盤一樣，能讓貓咪感到平靜。據說貓咪祖先的利比亞山貓，習慣睡在黑暗狹小的地方，而家貓繼承了這個習性。此外，也有一種說法是，狹窄的地方可能藏有老鼠等獵物，而尋找獵物的習性，促使貓咪往狹窄處移動。

只要能容納身軀就好！

貓咪追尋的是更小、更合身的空間。利比亞山貓是貓咪的祖先，習慣睡在樹洞、岩縫等處，都是勉強能容納自己身體的空間。這是為了避免外敵入侵，並藉由縮小睡眠空間，達到保暖的目的。

更喜歡暗處

怎麼也找不到貓咪時，多半是躲在昏暗狹窄的地方。建議飼主事先在衣櫥裡放個行李箱，或是在走廊角落放置紙箱，找貓咪時就會比較輕鬆喔。

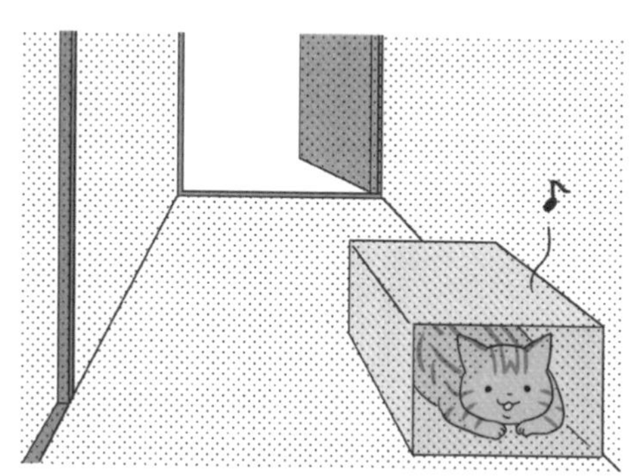

MEMO

請留意觀察躲在狹窄處不願意出來的貓咪，可能是單純喜歡躲著，也可能是身體不舒服。

憧憬窗外的世界

對未知世界充滿想像而凝視窗外

迷上更迭的景色

貓咪最喜歡在窗邊眺望風景。窗外有各種引發好奇心的景色，像是飛來飛去的小鳥與蟲子、跑來跑去的小學生等。

養在室內的貓咪多半從未外出，家裡既安全又不用煩惱食物來源，但在單調的家貓生活中，外面的世界可說是充滿刺激的夢想之地。飼主可以拉開窗簾，讓牠盡情享受窗外世界。

請拉開窗簾

貓咪除了睡覺之外，大部分的時間都是獨自度過，或許也是因為這樣，千變萬化的窗外世界在牠們眼中充滿魅力。貓咪鑽得進去的窗簾就不用太擔心，若是厚重的百葉窗，請飼主平時幫忙拉開，貓咪會很開心喔。

就算貓咪對外面的世界感興趣

根據日本寵物食品協會（Japan Pet Food Association）的調查，二〇一五年的貓咪平均壽命差距懸殊，「全室內飼養的家貓」為十六點四零歲，「半放養的家貓」為十四點二二歲。雖然未能掌握流浪貓的正確數據，但一般認為流浪貓的壽命不到家貓的一半。就算家貓對外面世界興致勃勃，為了能與牠相伴終生，請飼主務必貫徹室內飼養的原則。

注意不要讓貓咪從窗戶或陽台跌落。最好不要開窗，也不要讓貓咪進陽台。

衍生自檢視地盤習性的「貓咪傳送裝置」

名稱有點浮誇，但試過就會上癮喲

由貓奴開發，召喚力百分百的發明

大家知道「貓咪傳送裝置」嗎？只要用膠帶或繩子在地板圍一個圈，稍微等一陣子，貓咪就會走進圈中。

當然也有視若無睹的貓咪，但「傳送成功率」有七～八成。貓咪地域性強，只要周圍出現陌生物品，就會想要聞一聞、碰一碰檢查，確認安全無虞後，就會進去確認舒適度。「貓咪傳送裝置」就是運用牠們的好奇心和地域性的遊戲。

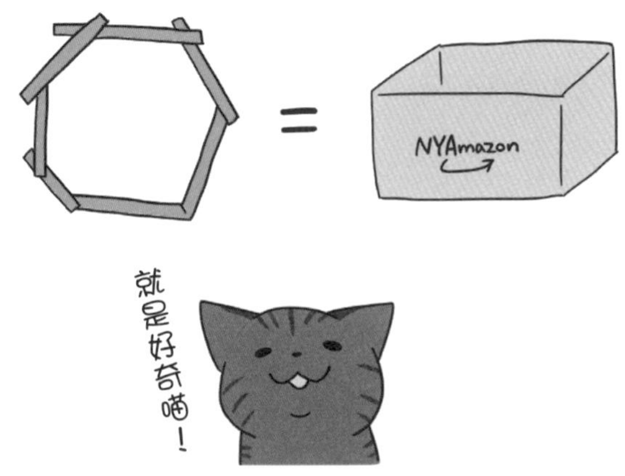

貓咪無法抵抗好奇心！

貓咪是好奇心強的生物，也可以說是喜歡新奇事物。因此，對於從未見過的物品（新家具等），態度十分積極。對貓咪而言，突然出現在自己地盤的「傳送裝置」，不可能視而不見。在仔細調查後，就會被傳送到圈圈裡面了呢。

越年輕的貓咪就越想嘗試

越是好奇心旺盛的年輕貓咪，就越想檢查確認地盤內冒出的新物品。至於已失去好奇心的老貓，「傳送效果」則不太好。年輕貓咪一旦發現進去圈中什麼事都不會發生後，就會喪失興趣。

MEMO

貓咪視力相對較差，也不擅長辨識顏色，初見傳送裝置當下，可能還不清楚那是什麼東西，或許是因為這樣，才會前往確認。

貓咪推落物品是因為好玩嗎？

與其說是推落物品，不如說是在跟飼主玩？

感興趣的事大多會付諸行動

貓咪經常推落桌子或檯面上的物品，主要是覺得「很好玩」。像是滾動的鉛筆、破碎的玻璃杯，掉落物品的狀態多變，會讓貓咪聯想到獵物而深受吸引，所以很享受物品掉落的畫面。

此外，因為推落物品後，飼主就會靠近或是出聲，貓咪也可能是在享受飼主的反應。我們無法防止貓咪推落物品，不想被推落的東西，就只能收好嘍。

第3章

充實你的養貓生活

真是個撒嬌鬼～

貓咪到底
在想什麼呢……

突然怎麼啦？
我跟妳說～

原以為虎吉玩得正開心……
喵
喵

可是突然就跑掉了。
轉身

無法捉摸這點
很棒呀。
是沒錯啦～
但是如果知道貓咪在
想什麼，就會更開心
了不是嗎！

犬山專務
專務！
辛苦了～
您也辛苦了。
SEN MU
貓咪的心情讀得出來喔！
您喜歡貓咪呀？
還以為您一定是狗派……
就坐在妳旁邊嘍。
我可是養貓養了三十多年喲！
現在有兩隻
咦～～好強！
要怎樣才能知道貓咪的心情呢？
這個嘛……
貓咪可是用全身在跟我們說話喔！

全身？

最明顯的應該是耳朵形狀與鬍鬚了吧？貓咪不是有時候會雙耳下垂嗎？

垂

會耶。

那就是貓咪感到害怕的意思。

怕怕……

咦～～

虎吉的耳朵的確會在打雷的時候下垂……

還有，尾巴也是充滿情緒表現的部位喲！

心情好

憤怒、興奮

觀察狀況

喔——！

只要懂牠們的心情，就更好溝通啦。
對了，我家貓咪只要碰牠的肉球就會跑掉耶……
貓咪討厭肉球被摸喲！
所以說，要從摸腳開始，慢慢讓貓咪習慣。
TOUCH！
等牠習慣後，就可以肉球摸到飽！
耶——！
但是還是不要摸太久喲。
好想趕快回家看虎吉！
下午也努力工作，準時回家吧！
工作動力也跟著提升了呢！

眼睛、耳朵、鬍鬚所表達的情緒

別錯過貓咪的身體語言

從魅力之處解讀牠的心情

骨碌碌大眼（瞳孔）是貓咪特有的魅力之處，也傳達出豐富的情緒。

耳朵平時保持前傾，在感到不安、恐懼等情緒波動時，耳朵會從側邊往後倒。

鬍鬚則扮演維持方向感、感知氣流的重要角色。我們能從貓咪瞳孔大小、耳朵與鬍鬚的方向，讀出各種情緒。

眼比口更能傳意……？

一般而言，瞳孔的功能是隨著環境光線強弱調整大小，但我們也能從瞳孔讀出貓咪的心情。然而，在不同情況下，可能代表完全相反的情緒，需要仔細觀察。

感興趣、興奮，也可能是不安、恐懼

放鬆中

警戒、討厭，也可能是放鬆

最好懂的部位

貓耳能直接反映當下情緒，不管是豎起、垂下，還有朝的方向，都傳達出貓咪的心情。當牠耳朵下垂時，就要小心。

興致勃勃

警戒、緊張

恐懼

鬍鬚不是因為風吹才飄動

貓咪的心情也藏在鬍鬚中，健康的時候鬍鬚又挺又有彈性，身心狀態欠佳時，鬍鬚多半會無力下垂，別錯過這個細微的訊號喔。

興致勃勃

驚嚇

恐懼

從叫聲解讀貓咪心情

細分起來有二十種，用心傾聽很重要

綜合各種資訊，理解貓咪心情

貓咪叫聲一般可概略分為二十種，在貓咪彼此溝通的叫聲中，最具代表性的是發情期與吵架時的叫聲。家貓也會以各種叫聲向飼主傳達心情。

鳴叫方式因貓而異，有些貓咪會頻繁向飼主搭話，有些貓咪會自言自語，也有貓咪一整年只叫個幾次而已。要瞭解貓咪心情，別只根據叫聲，還要搭配動作、不同情境等資訊綜合判斷。

希望與要求

家貓最常見的叫聲，主要用於請求，像是想吃飯、想玩耍等。

放鬆

出生後很快就能發出呼嚕聲，在表達身體不適時也有可能會呼嚕叫。

回應與打招呼

當飼主或熟人對自己說話時的反應。

驅趕時的威嚇

嘶哈——

對那些視為外敵的對象（訪客等）所發出的威嚇與警戒叫聲。

因疼痛而鳴叫

當感到劇烈疼痛時（尾巴被踩到等）所發出的叫聲，記得確認貓咪是否受傷。

好吃又開心

覺得飯好好吃，不禁流露出的叫聲。

感興趣和興奮

當看見窗外的小鳥或蟲子時，那份想撲抓的心情，就用這種叫聲表達。

發情時的呼喚聲

發情時母貓呼喚公貓的聲音，以及公貓回應母貓的叫聲。

鬆懈放心……

原本緊繃的情緒鬆懈後，感到放心時而流漏出的叫聲，鳴叫方式因貓而異。

從姿勢解讀貓咪心情

熟悉平時姿勢，及早察覺異常

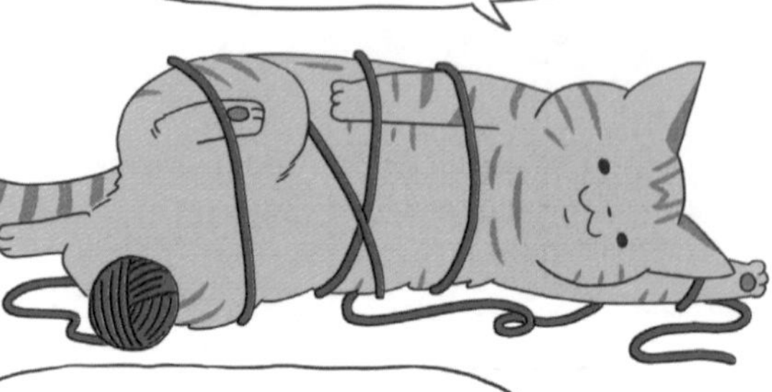

從姿勢理解貓咪的喜怒哀樂

家貓一整天不是窩著就是睡覺，最經典的姿勢是收折前腳窩坐著的「母雞蹲」，也有些貓咪會像玩偶般，將後腳前伸坐著。家貓不像流浪貓可能會遇到危險，因此有不少貓咪會睡得十分奔放，毫無緊張感，為飼主生活增添不少笑料。

在日本童謠〈雪〉中，有句歌詞是這樣的：「貓咪在暖桌裡蜷縮成一團」，可見貓咪在不同季節會有各種姿態。恐懼與警戒的情緒也會透過肢體表達出來，屆時還請飼主妥善處理。

讓自己看起來很大隻，藉以威嚇敵人

為了威嚇對手，貓咪會豎起身上的毛，讓身體看起來更大，但貓咪其實不好戰，狀況解除後毛就會收回來。若在貓咪炸毛時硬要安撫，可能會被攻擊，請先等牠冷靜下來吧！

一害怕就會縮小身體

這是聽到突來訪客與聲響時，感到害怕的姿勢。貓咪會蹲低身體，並將尾巴收在後腳之間，盡量縮小身體，向對方表達自己沒有敵意。這個姿勢在貓咪精神不穩定時很常見，請視情況在一旁守護牠。

放鬆時會蜷縮成一團

貓咪在放鬆時會蜷縮成一團，母雞蹲就是最典型的放鬆姿勢。但貓咪在做這個姿勢時，四隻腳還是踩在地上，以便隨時逃跑。若貓咪躺下露出肚子，代表牠是發自內心覺得放鬆，就讓牠好好休息吧！

從尾巴解讀貓咪心情

是平衡器、標誌、宣達想法的大聲公……

豐富多樣的動作，來自精密的肌肉與骨骼

貓科動物以尾巴表達想法。貓咪尾巴由連續十八～十九節稱為「尾椎」的短骨頭，與十二條肌肉所組成，能做出細膩的動作。靈活擺動的尾巴，除了能保持身體平衡，還能表現各種情緒。此外，尾巴根部的皮脂腺也有標記地盤的功用。

狗也是透過尾巴表達情感，但所代表的意思與貓咪不同，別搞混嘍。

觀察、待命	友好	喜悅	挑釁
觀察狀況時，尾巴會維持在水平偏上一點的位置。	尾巴直直立起，表達友好之意。	尾巴左右震動代表很高興。	豎起尾巴左右擺動，表示看不起對方。
防禦	**備戰**	**憤怒**	**不安**
與備戰一樣都是垂下尾巴，但尾巴仍有出力。	尾巴無力地垂著，是準備戰鬥的姿勢。	尾巴的毛整個炸開，呈現蓬鬆狀。	貓咪感到不安時，會直直豎起尾巴，頂端呈現有點彎曲的樣子。
恐懼、服從	**感興趣、警戒**	**煩躁**	**放鬆**
因恐懼而收起尾巴，讓自己看起來變小。	尾巴尖端擺動，表示警戒的同時也很感興趣。	放下尾巴左右擺動，表示很煩很討厭。	尾巴維持平行地面的狀態，代表貓咪放鬆中。

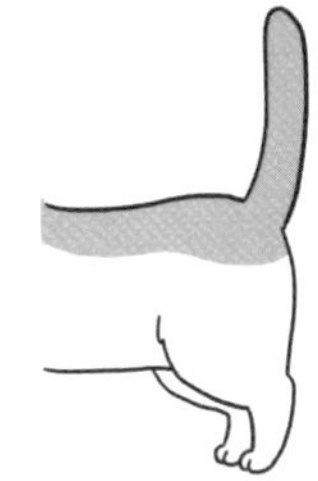

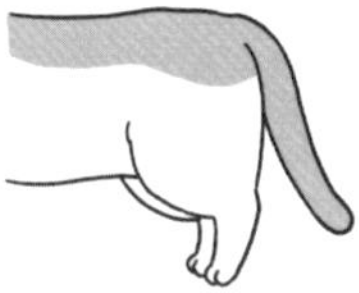

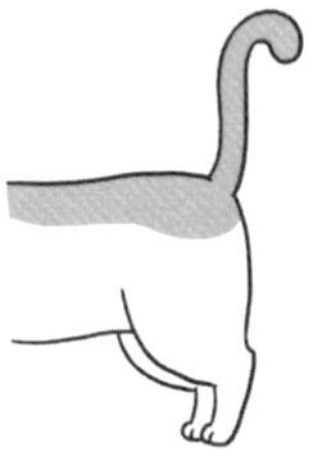

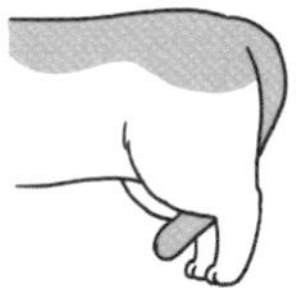

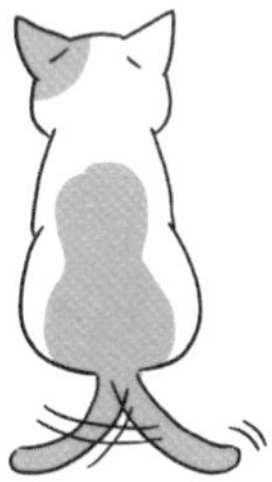

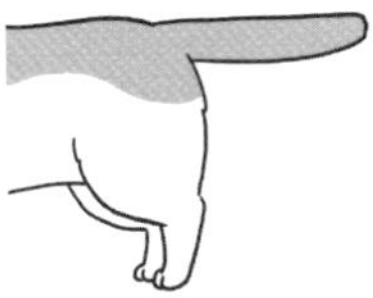

從走路方式解讀貓咪心情

貓咪心情好也會踏著開心的步伐

基本上是踮腳走路，若發生變化要特別留意

貓咪一般是抬著頭以腳尖走路，僅趾骨著地，稱為「趾行性」（digitigrade），也就是所謂的「踮腳走路」，常見於貓科與犬科動物。在野生狀態下，這種走路方式讓貓咪能悄悄接近獵物，也便於衝刺與急轉彎。

健康的貓咪走路時，頻率穩定且步伐一致，步姿順暢輕快。若發現貓咪走路時腳跟著地、一跛一跛，可能是生病了，請立刻帶貓咪就醫。

身體不適的步姿

步伐沉重，臉跟尾巴都朝下，可能是身體不適或累積了壓力，還請留心觀察。

心情好的步姿！

當貓咪踏著一定節奏的步伐，臉跟尾巴都朝上的話，代表牠心情很好，此時連表情看起來都很開心。

走路時腳跟著地

明明沒在戒備什麼，頭卻保持下垂，腳跟貼著地面走路，這是貓咪生病的徵兆，請就醫。

警戒的步姿

若貓咪壓低身體緩慢前進，代表正處於警戒狀態。為了隨時跳向獵物，才會壓低上半身走路。

刺激獵人本能的遊戲方式

經常與貓咪玩耍，改善運動不足

貓咪膩得快，玩耍頻率更重要

貓咪是天生的獵人，透過玩耍學習狩獵方法。與貓咪玩耍時，只要模仿獵物的動作刺激狩獵本能，貓咪就會玩得很投入。貓咪基本上很容易膩，每次短短玩一下就好，相對地，要增加玩耍次數。玩耍有助於改善貓咪運動不足，並能抒發壓力。記得別強迫，要尊重貓咪喜歡的遊戲方式。

幼貓期玩就對了

建議隨貓咪年齡改變遊戲方法。幼貓在成長階段的遊戲方法尤其重要，無論在身體上、心靈上，都對幼貓成長有益。運用逗貓棒刻意讓貓咪上下運動，更能提高玩耍的運動效率。

為了防止貓咪誤吞

貓咪在玩耍時，很容易不小心吞進小東西與柔軟容易撕碎的物品。遊戲時間結束後，記得收好玩具，嚴禁隨意放置。飼主如果邊玩邊做其他事，也容易害貓咪誤吞，要特別小心。

MEMO

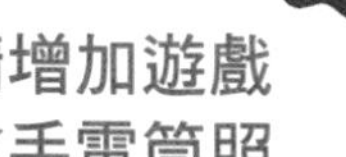

一直玩同一種玩具的話貓咪會膩，請增加遊戲多樣性，例如先拿出逗貓棒，接著拿手電筒照光……等輪替玩耍。

讓貓咪如癡如醉的「撫摸法」

撫摸也是健康管理的基礎，請飼主務必學習正確知識

適度撫摸貓咪覺得舒服的地方

大部分的貓咪都很喜歡飼主溫柔撫摸，碰觸貓咪身體不僅能療癒飼主，就早期發現疾病這點而言，撫摸也是十分重要的親密接觸。

貓咪最喜歡被摸的地方，是自己理毛時舌頭舔不到的位置；最討厭被摸的地方，是腳和尾巴。話雖如此，每隻貓咪的偏好可是天差地遠，記得摸貓時，要一邊確認貓咪是否覺得舒服喔！

■…OK
■…NG

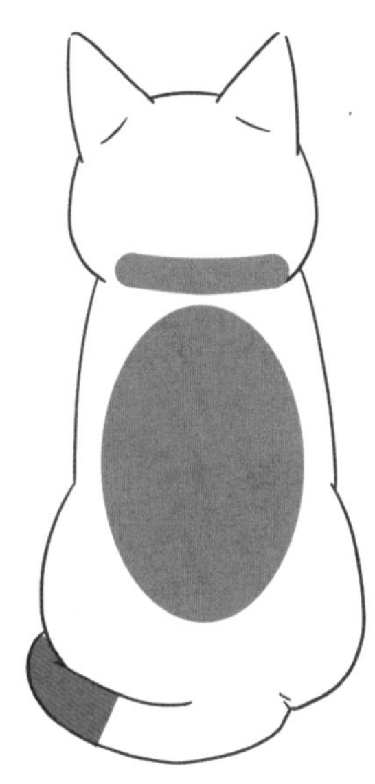

貓咪喜歡被摸臉、頸周與背部。幾乎所有貓咪都討厭腹部要害被他人觸碰，請不要摸這裡。因為外分泌腺集中在臉與下顎，也是貓咪特別喜歡被摸的地方。

重點

撫摸貓咪時請用指腹慢慢摸，並不要發出過大聲響。請飼主在每天的摸摸時間，同時觀察貓咪細微的變化吧！

NG

狂摸不停是很常見的NG摸貓法。當貓尾開始左右擺動，就是該停止的訊號，在貓咪厭煩前收手吧！理毛與吃飯時也都不是摸貓好時機。

讓貓咪愛上撒嬌的抱法

在討厭被抱之前的「第一次」抱抱最重要

日常照護也需要抱著貓咪，還請學習正確抱法

貓咪基本上不喜歡被抱，不少貓咪甚至會奮力抵抗。其實可以說是所有動物都討厭被抱，因為被抱著時，身體動作受限，無法自由活動，就算是被心愛的飼主抱著，頂多也只能撐一分鐘吧？需要抱著貓咪時（剪指甲等），秘訣是好好托著貓咪下半身，貼緊彼此身體抱著。而拉扯身體，或是用力抱緊都是NG抱法。

愛牠就要這樣抱牠

❶ 抱之前出聲告知

就算貓咪自己靠近，也不能直接抱起來，這樣會嚇到牠。我們可以在每次抱起貓咪前都出聲告知，讓牠習慣這個「被抱前的儀式」。

❷ 溫柔抬起

告知貓咪後，如果沒有表示抗拒，就可以抱牠。先從前腳兩邊腋下溫柔地抬起貓咪後，單手迅速撐住下半身，再整個抱起來。

❸ 整個擁入懷中

若飼主與貓咪之間有空隙會抱不穩，讓牠感到害怕。要包覆貓咪全身抱起，才能讓牠感到安心。不過，不能緊緊抱著，會對貓咪造成壓力。

訓練貓咪抱抱時，請先坐著進行。若是站著訓練，貓咪一旦抵抗，可能會不小心摔落地面。

其實很討厭？摸肉球要看狀況

腳尖屬敏感部位，想摸的話先觀察貓咪狀況再行動

飼主想摸就摸會造成貓咪壓力？

肉球是貓咪最有魅力的地方，市面上甚至有整本都是肉球照片的寫真集呢！

肉球是貓咪全身上下唯一有汗腺的地方，除了排汗調節體溫外，還扮演著吸收撞擊力道、消除腳步聲、止滑的重要角色。正因如此，是十分敏感的部位，若在幼貓時就訓練習慣他人碰觸肉球，貓咪是會乖乖讓我們摸，但其實心裡搞不好很不情願。

肉球作為緩衝墊，讓貓咪能以纖細四肢支撐體重

貓咪能從數倍身高的地方矯捷跳下，還能安穩著地，這都歸功於肉球。肉球也有消除落地聲響的功能，避免被獵物發現。雖然肉球耐撞擊，但同時也是寸毛不生、十分敏感的部位，要摸的話請有所節制。

按摩時順便檢查健康狀態

你是不是覺得，貓咪肯讓我們摸肉球就該謝主隆恩，不敢再多做些什麼了呢？難得有親密接觸的機會，建議趁按摩肉球時順便做一些例行性檢查，像是指甲是否過長等。

長在肉球間的毛基本上不用特別處理，但高齡長毛貓可能有滑倒的風險，請用動物專用電剪等工具加以修剪。若不會自行修剪，請交由寵物美容師或動物醫院處理。

貓咪為什麼會威嚇訪客？

必須同時顧慮貓咪與訪客雙方的壓力

每隻貓咪對訪客的反應都不同？

貓咪的地域性強，在牠眼中，訪客等同於「突然闖入的敵人」。有些貓咪會不服輸地作勢威嚇，也有些貓咪在門鈴響起瞬間就躲起來，有些貓咪反而會靠近撒嬌，或是像警衛般盯著訪客，觀察對方有沒有做壞事。

不管貓咪如何反應，都沒有惡意，請不要罵牠。飼主應該預先做好準備，一開始就避免貓咪與訪客相見，才是聰明的做法。

維持和平的必要事項

貓咪基本上不愛爭吵，就算面對侵入者，能不吵架就不會吵起來。「嘶哈——」是用來驅趕、牽制對方的叫聲，不只是對訪客，對其他貓咪也會這樣叫。

事先準備貓咪的避難場所

貓咪就已經對訪客有所戒備了，還強迫牠出來見客，這會對牠造成極大壓力。請事先設置貓咪避難處，讓牠在訪客拜訪期間能放鬆度過，也別忘了將訪客行李收好，避免貓咪在上面做出標記行為。

貓咪可能因為訪客還沒離開，不敢走去貓砂盆排泄，就不小心亂大小便。有訪客時，記得調整貓砂盆的擺放位置。

最後的王牌「木天蓼」

貓咪最愛的東西，是能消除壓力、改善食慾不振的秘密武器

適量給予就會超開心！

自古以來，木天蓼就是貓咪的最愛，市面上也有販售木天蓼小樹枝與乾燥果實粉末。木天蓼成分中的木天蓼內酯與獼猴桃鹼會刺激貓咪大腦，大部分貓咪聞到木天蓼的氣味後，就會開始恍神，呈現酒醉狀態。

貓咪也很喜歡貓薄荷等薄荷系的香草，這些都不是毒品，不會成癮，請安心使用。

包含老虎與獅子，大家都喜歡！

不只是家貓，大型貓科動物如獅子與老虎，聞到木天蓼氣味後也會開始興奮，進入酒醉狀態。這是在人類與狗身上看不到的反應，詳細機制至今未明。

給之前要確認分量

雖然木天蓼日本成癮性，效果也不持久，但要小心別一次給太多。過去曾有一次攝取大量木天蓼的貓咪，興奮到呼吸困難的案例。建議先從挖耳棒一勺的量開始，再依貓咪狀態酌量給予。

MEMO

市面上也買得到木天蓼果實，但直接給果實會有誤吞風險，所以NG。

喵心大悅！貓咪喜歡哪些事呢？

好想找出自家主子特有的心動點

以愛讀心

要讓貓咪開心，首先就是瞭解貓咪的特性，也可以說「做貓咪喜歡的事」＝「不做貓咪討厭的事」，而想瞭解貓咪特性，平時就要好好與貓咪溝通互動。

請仔細觀察貓咪，看牠喜歡哪種玩具、摸哪裡會感到放鬆。每隻貓咪的喜好都不一樣，飼主在嘗試過程中，就能漸漸掌握貓咪的心情。

讓貓咪開心的事

拿玩具逗牠

不用拘泥遊戲形式，可以拿牠喜歡的玩具，或拿揉成一團的塑膠袋、緞帶逗牠，刺激貓咪的好奇心。

追逐遊戲

若貓咪在你面前突然暴衝，就是在邀請你玩追逐遊戲。反覆「追牠→轉身逃跑」，貓咪會玩得很嗨。

捉迷藏

貓咪若躲在暗處直盯著你，代表「很希望你找到牠」，飼主可以試著躲在窗簾後，小聲叫牠的名字。

按摩

肩膀與尾巴根部是很多貓咪喜歡的按摩部位。一開始要輕輕的，邊觀察貓咪反應，邊找出舒服的按摩點。

梳毛

有些貓咪甚至會直接在梳子旁躺下，示意飼主「幫牠梳毛」。若貓咪有點抗拒梳毛，就換個道具試試。

抱牠／摸牠

雖然還是有性格上的差異，但大部分貓咪都喜歡窩在飼主膝上與臂彎。搔抓下顎、耳根、鼻子與眼睛四周也很受貓咪歡迎。

喵心大亂！貓咪討厭哪些事呢？

愛牠就該離牠遠一點的時候!?

窒息式的愛就太超過了

為什麼有那麼多貓奴，反被貓咪討厭呢？理由很簡單，因為太關心貓咪了。貓咪基本上是獨自行動，不僅愛好自由、任性善變，還很重視隱私。就算貓咪再可愛，也不能強迫貓咪接受人類的愛情表達方式。

同住一個屋簷下的貓咪，雖然是重要的家庭成員，畢竟還是與人類有別，還是尊重貓咪原本的樣子吧！

讓貓咪討厭的事

● 直盯著看

在貓咪世界裡，一直盯著對方是下戰帖的意思。若與貓咪對到眼，只要慢慢眨眼就能轉變成愛的訊號。

● 被追著跑

若貓咪走到哪，你也跟到哪，牠就會覺得你很煩。除非是貓咪發出「過來」的邀請，不然都請裝作沒看見貓咪的行動。

● 藏身之處曝光

貓咪躲著時，除非一直盯著飼主，或是伸出腳來動來動去，不然都是真心想躲起來，就讓牠躲著吧！

● 不停地摸

就算是喜歡抱抱摸摸的貓咪，沒那個心情的時候，也會感到厭煩，更別說是原本就討厭被摸的貓咪了。牠們尤其討厭尾巴與肉球被人摸個不停。

● 發出巨大聲響

貓咪討厭巨大聲響，有不少貓咪只要飼主一唱歌就生氣，或是討厭打噴嚏與咳嗽聲。

● 動作太大

就算是最愛的飼主，貓咪也會被突然的大動作嚇到而產生壓力。記得隨時以冷靜的態度對待貓咪。

梳毛超級幸福

有助於預防與早期發現疾病

懷著母貓的心情溫柔地梳，也有親密接觸的效果

定期梳毛是照護貓咪的基礎，梳貓不僅能除去脫落毛髮與髒汙，避免產生毛球，進而預防疾病，還兼具按摩效果，能促進血液循環，讓貓咪更健康。

梳毛也是一種親密接觸。請飼主每天都空出時間替長毛貓梳毛，短毛貓則至少一週梳一次。梳毛時，就像母貓用舌頭幫幼貓理毛一樣，順著毛流仔細地梳。透過身體碰觸，也能早期發現皮膚病等疾病。

自行理毛還是不夠

貓咪經常自行理毛，但有些部位牠們自己舔不到，而且舔毛仍無法完全去除脫落毛髮。長毛貓在春、秋季換毛期的掉毛量相當驚人，可能會積在胃裡。

依毛長選用道具

合適的梳毛道具隨毛長而異。長毛貓適合用排梳，以及梳齒部分較長的針梳；短毛貓則大多喜歡橡膠梳。若貓咪抗拒梳毛，可以換不同梳子試試。

常梳毛保健康

有些貓咪能自行吐出毛球，有些貓咪則吐不太出來。太多毛球積在胃裡會很不舒服。如果貓咪不會吐，或是嘔吐物裡面沒看到毛，就要特別用心替牠梳毛。

若貓咪非常抗拒，可能是梳毛對牠造成壓力，記得不要勉強，讓牠慢慢習慣。

❶ 長毛貓一個月洗一次澡

原則上還是讓貓咪自行清潔身體

快速洗完再快速吹乾，只要貓咪與人類都習慣就好

基本上不用幫貓咪洗澡，但長毛貓無法自行理到全身的毛，所以每個月都要幫牠洗一次澡。

利比亞山貓是貓咪的祖先，一直棲息在沙漠，可能是因為這樣，所以大部分的貓咪都討厭弄溼身體。想要順利幫貓咪洗澡，必須從幼貓時期就開始訓練。此外，人類與貓咪皮膚的pH值（氫離子濃度）不同，請使用貓咪專用洗劑。

洗澡注意事項

❶ 關好門窗

不習慣洗澡的貓咪可能會拼命掙扎，門窗記得上鎖以免不小心開啟。

❷ 溫度剛好才洗得舒服

貓咪體溫比人高，飼主覺得剛好的溫度，對貓咪而言溫溫涼涼很舒服。

❸ 使用貓咪專用洗劑

貓咪皮膚敏感，pH 值也與人類不同，飼主的洗髮精會對貓咪身體造成負擔，請使用貓咪專用洗劑。

❹ 貓咪的狀態

請在洗澡前確認貓咪狀態，例如是否身體不適、有無發燒、與飼主雙方的指甲會不會太長……等。

淋溼後整個消下去

長毛貓平常看起來比實際大隻，身體淋溼後才是牠真正的大小。

短毛貓平時自己理毛，再加上飼主梳毛，就能維持身體乾淨，沒有太髒就不用勉強洗澡沒關係。

每天刷牙才能成為健康的長壽貓

所有貓咪都討厭刷牙，但刷牙真的很重要

至少三天刷一次，再辛苦也不能不刷

貓咪牙齒分有臼齒、犬齒、門齒三種，恆齒共三十顆。貓咪不會蛀牙，但罹患牙周病的貓咪卻有增加的趨勢。野生貓咪會啃咬大塊硬肉與骨頭，自然就有刷牙的效果，但家貓不同，只吃飼料很容易堆積齒垢。

刷牙對老貓族群更為重要，直接用牙刷老貓可能無法接受，建議先拿沾溼的紗布擦拭，市面上也有刷牙專用溼紙巾等產品。

不要勉強，溫柔仔細刷

在貓咪的日常照護中，刷牙是其中一個會造成壓力的項目，需要慢慢習慣。刷牙時，最好使用貓咪專用牙刷，也可以拿人類嬰兒牙刷替代。因為貓咪不會漱口，若使用牙膏，請選擇誤吞也不傷身體的貓咪專用產品。

犬齒與臼齒要用心刷

建議從貓咪後方抱著，稍微面向上方，讓牠張開嘴巴，從門齒開始慢慢往內刷。上方臼齒最容易堆積齒垢，就算貓咪抵抗也不要放棄，仔細幫牠刷乾淨，發達的犬齒也要好好刷。

MEMO

先摸摸貓咪的臉，等牠放鬆後再開始刷，整個過程都不可大意，以免被陷入恐慌的貓咪咬傷。

剪指甲的訣竅是不強迫、動作快

磨爪磨掉還是會再長，記得定期檢查

抓好時機，不勉強牠，一點一點剪

貓咪尖銳的爪子，不但會抓傷飼主，家具也會被抓得破破爛爛，真的很傷腦筋。然而，討厭剪指甲的貓咪還不少，每次剪指甲不是瘋狂掙扎就是逃走。

要克服這個難關，飼主必須鎖定貓咪曬太陽或睡午覺的空檔！趁貓咪還迷迷糊糊時快速剪完。貓咪抵抗時也別勉強牠，之後再剪就好。為了避免誤剪血管傷了貓咪，飼主需要冷靜耐心處理。

留太長就很麻煩

不只是卡住受傷、抓傷家具與窗簾等物品，過長的指甲會東卡西卡，貓咪自己也很不舒服。變成老貓後，過長的指甲還可能會刺進肉球。

小心不要剪太短

透過光線就能清楚地看見紅色血管，裡面還有神經分布，一旦剪傷不只會流血還會很痛。記得不要剪太短，剪除指甲尖端才是重點。

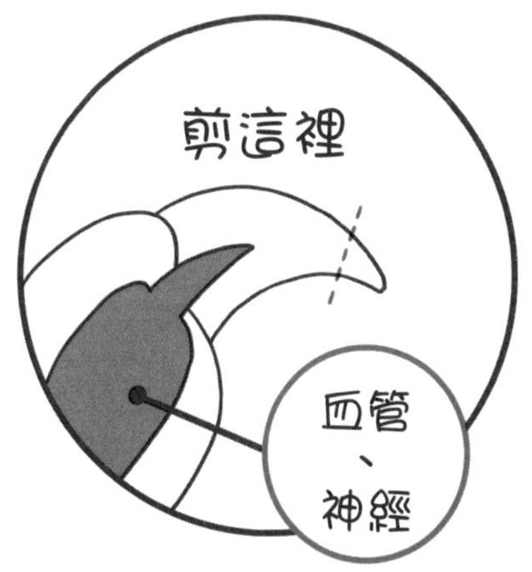

MEMO

飼主害怕的心情也會傳給貓咪。不用一次全部剪完沒關係，記得有技巧地、穩穩地剪。

透過按摩揉捏讓貓咪放鬆

邊觀察貓咪狀態，邊尋找貓咪舒服的地方也是樂趣之一

是最棒的親密接觸，貓咪與飼主都會感到幸福

貓咪除了喜歡撫摸與梳毛，也很喜歡按摩。可能大家都覺得貓咪不會有肩頸僵硬的問題，但其實活動量高的頸周與背部等部位，卻意外地容易僵硬，請飼主溫柔地幫牠按摩吧！

按摩貓咪沒有固定順序，每隻貓咪覺得舒服的地方與喜歡的力道也不盡相同。若按到貓咪陶醉地微微閉眼，就是按得很好的證據，之後貓咪就會主動跑來要你按摩喔！

第4章 生活上的疑問與貓咪疾病照護

什麼？

爺爺生病了！

嗯……可能無法馬上回去。

虎吉的

飼料

水

廁所

放空……

回老家得坐飛機，還要住三晚……虎吉能自己看家嗎？

嗚哇～

嗯……

貓咪看家最多兩天一夜！

怎麼辦……

寵物旅館……！

四天後

虎吉～～有乖乖嗎？你一定很寂寞吧？爺爺康復囉～～

抱

這次算是勉強度過了。

捏捏 捏捏

等虎吉長大後，變老後……

我是大人了！

飯還沒好嗎？

也有可能會生病……

而且！

我也不一定永遠單身呀！

出色的老公

孩子們

夢想的家

身為飼主，
得多考慮一點！
喵——
下定決心！

為了虎吉，
現在能做的事……
嗯……

就是這個！！
平常就能做！
健康檢視清單

① 量體溫
② 摸摸
身體檢查
38.1℃
嗶
③
確認
飲水量

量體重……
好重！

……喔，原來胖的是我呀，
太好了太好了。
才不好——

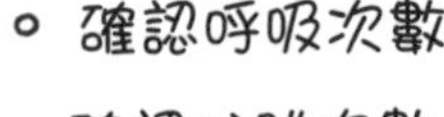
確認呼吸次數

確認心跳次數
確認食慾
排泄物……
該檢查的事項
還不少呢。

像是挑選醫院的重點
在那裡！
還有各品種容易罹患的疾病……
波斯貓
→眼睛疾病
阿比西尼亞貓
→肝臟疾病
蘇格蘭摺耳貓
→骨軟骨發育不全
要記的事好多！
躺
夢話
喃喃
……
呼～呼～大～睡～
希望你能一直健康地陪著我喔，虎吉。
喵嗚
喵嗚

貓咪看家最多兩天一夜

以貓咪安全為優先，環境整理好再出門

幼貓與老貓要特別小心，若擔心就別讓牠看家

貓咪原是獨自生活，單獨看家也沒問題。話雖如此，考量到食物與水放久會腐壞，再加上意外事故、疾病等狀況，貓咪看家最多兩天一夜。前提是飼主準備好安全、舒適、清潔的環境後才出門。特別是活潑的幼貓，可能會闖下嚴重事故。若飼主離家超過兩晚，最好能拜託信得過的朋友，幫忙到家裡確認貓咪狀況，也可以寄住在寵物旅館，或是委託到府服務的寵物保母。

暫住寵物旅館／動物醫院

若要暫住寵物旅館，飼主最好事先實地參觀，在與店員面對面交談過程中，邊觀察設備與店內狀態後再決定。若是常去的動物醫院能協助照顧，就更放心了。有些貓咪待在陌生、又與其他動物共處一室的環境，會感到巨大壓力，還請謹慎選擇貓咪暫住的地方。

拜託家人／朋友

拜託信得過的人幫忙照顧也是不錯的選擇，可以請對方到家中照顧，或是讓貓咪借住對方家裡。盡可能請對方來家中照顧才能減少貓咪不安的因素。若情況許可，也請事先安排對方與貓咪見個面。

委託到府寵物保母

到府寵物保母會來家中照顧貓咪，是一種對貓咪負擔較少的方法。一般而言，費用也比寵物旅館平價。因為對方是專業人士，不用太擔心，但記得事前一定要請對方到家裡討論需求。

讓貓咪看家時，乾飼料與水一定要多準備一點，放在家中各處，也盡量多準備幾個貓砂盆。

貓籠的高度比寬度重要

能在籠內跳上跳下，貓咪也會很開心

沒錯沒錯，就是這個。

適合短時間看家與太調皮的貓咪

貓籠能防止幼貓四處搗蛋，也能在人類出入頻繁處，提供貓咪一個暫待的空間。因為貓咪喜歡跳上跳下，建議選擇兩~三層附有踏板的籠子，尺寸盡量高一點寬一些，材質則是不鏽鋼製或塑膠製為佳，貓咪才不容易卡住爪子。

若貓咪自願進籠還沒關係，不然長時間關籠會造成壓力，害貓咪生病。

貓籠的優點

不得不離開貓咪時，貓籠能防止貓咪搗蛋，避免意外發生。也有些飼主為了預防貓咪開運動會，或不想一早就被貓咪叫醒，只在晚上將貓咪放進籠中。請好好善用貓籠，讓貓咪安全，飼主安心。

關籠要點

若貓咪躁動不安，可以試著在籠子上蓋上布，或是將貓咪喜歡的布料放入籠中，千萬別放進容易誤食的物品。水與貓砂盆一定要放，若關在籠內的時間較長，還要記得放飼料。不過，若飼主明明在家，卻關著貓咪，就太可憐了。

貓籠放哪裡？

必須避開過亮、太陽直射、冷氣直吹，以及人類頻繁走動的地方。請將貓籠放在房內安靜角落，貓咪應該就能舒服地待著。

貓籠內的水與飼料最好離貓砂盆遠一點。除非貓咪彼此感情好，否則請替每隻貓咪準備牠們自己的籠子。

多貓家庭最重要的是貓咪彼此是否合得來

若貓咪彼此感情好，就能看見很多可愛畫面

受性格與時機影響，訣竅是不焦急、不刻意

貓咪雖然喜歡單獨行動，某些組合還是能養在一起。最合得來的組合是母子、兄弟姊妹、幼貓與幼貓。相反地，像是地盤意識都很強的公貓們、沉穩老貓與調皮幼貓的組合，大多相處不來。

當家中迎來新貓時，飼主容易放較多心力在新貓身上，這點需要特別小心。請飼主優先關心舊貓，同時也務必尊重貓咪各自的隱私。

顧慮舊貓

對舊貓而言，新貓是入侵者。飼主在餵食與陪玩時，「舊貓優先」是很基本的原則。建議飼主偶而在不受新貓打擾的地方，抱抱舊貓培養感情。

見面要慎重

貓咪通常對彼此抱有戒心，別突然就讓牠們見面，先讓牠們習慣彼此的氣味與存在比較好。建議將新貓的籠子蓋上布，放在房間角落，或是將新貓暫養在其他房間。

處不來的話

貓咪們可能一見面就互相威嚇，怎麼也處不來。只要沒有攻擊行為，也沒有激烈爭吵，能各過各的生活就OK，或是分房飼養也是一個方法。

MEMO

貓咪彼此可能永遠合不來，最好在新貓入住前，先確認舊貓能否接受新貓。

請選擇上開式的外出籠

很多場合都需要外出籠，飼主與貓咪最好先習慣

舒適的外出籠能減輕壓力

外出籠是帶貓咪外出（去動物醫院等）的必備道具，建議選擇塑膠的上開式外出籠，爪子才不容易卡住，也方便貓咪進出。

貓咪原本就很愛外出籠這類狹小空間。不過，一旦經歷過「外出籠→醫院→打針」的恐怖事件後，常會開始抗拒外出籠，建議飼主平時就將外出籠當成貓窩使用，讓貓咪習慣。

各種外出籠

外出籠有手提、肩背、後背等各種款式。有些貓咪要貼近飼主的臉才能安心待在籠內，挑選時請考量使用情境（坐車或手提移動），也務必檢查有無防止貓咪逃脫的設計。

讓貓咪喜歡外出籠

平時就將外出籠放在房間內，當成貓咪的遊樂場或藏身處，之後才比較不會抗拒待在外出籠內。請將外出籠放在安靜的地方，裡面放些貓咪喜歡的布料，讓牠覺得外出籠是個「舒適場所」。

洗衣袋超好用

若擔心貓咪逃脫，或在籠內因掙扎亂動而受傷、消耗體力，建議將牠放進洗衣袋，再拉上拉鍊就能比較放心。幾乎所有的貓咪都喜歡洗衣袋。若在醫院開始掙扎亂動，就裝在袋內直接移到診療台上。

坐車時，貓咪動來動去很危險，在車內也請將貓咪關在外出籠裡。

搬家時建議先將貓咪安置在寵物旅館

妥善規劃，將貓咪的壓力降到最低

搬家前後都要好好關心貓咪的身心狀態

貓咪討厭激烈的環境變化，對牠而言，搬家是一件壓力很大的事。尤其是搬家當天要特別小心，畢竟免不了人員進進出出，再加上搬運行李與家具時，大門會保持開啟，被搬家業者嚇到的貓咪，可能就會跑出去。

將貓咪放進外出籠是最省事的做法，也可以先安置在寵物旅館，這樣對貓咪壓力較小，比待在忙亂環境好得多。

無法寄住他處時

先收拾好一間房間，最好是陌生人無法進入，只有貓咪待在裡面。或是將貓咪放進外出籠，再將籠子放在廁所或浴室。因為貓咪會擔心外面發生的事情，請飼主偶而抽空去看看牠、喊喊牠的名字。

運送貓咪的方法

請盡量讓貓咪與飼主一起移動。最好開車前往新家，若飼主沒有車，請事先租借。若選擇搭乘電車或公車，則需支付額外車資（手持行李費用）。若移動時間很長，請記得多注意貓咪狀況，並預留移動的緩衝時間。

到新家後

堆疊的行李容易倒塌，對貓咪而言很危險，請先整理房間到一個段落，弄好貓咪可以待的空間（貓窩等）之後，再放牠出來。剛搬完家那陣子要小心貓咪逃家，也請預先查好新家附近的動物醫院，可以的話事先實地查訪。

MEMO

雖然搬家很忙，但別忘記時常關心貓咪狀態。

飼主生活習慣差，對貓咪會有不良影響

健康身心就從規律作息開始

「生活不規律」是疾病與壓力之源

家貓主要在清晨與傍晚活動，據說是為了配合老鼠出巢穴的時間。貓咪能感知日照時間，根據光線變化調整一天的生活作息。

然而，若飼主作息不規律，貓咪原本的作息（吃飯、睡覺等）一被打亂，生病的風險就會增加。為了彼此的健康著想，建議飼主調整日常作息。

作息其實很規律

或許貓咪看起來總是在睡覺，想起床才起床，但其實貓咪跟其他動物一樣，過著規律的生活。因為作息時間與人類不同，為了不受飼主作息影響，請替貓咪準備隨時都能安靜放鬆的地方。

髒亂房間充滿危險

隨意亂放的人類食物，可能會害貓咪不小心吃進有害身體的東西，小物品與垃圾也常是貓咪誤食與受傷的原因。房間請整理乾淨，讓貓咪與飼主都舒適地生活吧！

不關燈會造成壓力

不關燈、不關電視，這些光線與聲音會對貓咪造成壓力。請替貓咪著想，一天中至少有半天讓貓咪在安靜、放鬆的空間度過。特別是夜晚，請配合大自然保持房內昏暗與安靜。

MEMO

包含吃飯、睡覺、排泄等，飼主要掌握貓咪大致的作息。

不同季節的注意事項

營造類似大自然的環境，讓貓咪感受四季更迭

舒適溫度與人不同？請讓牠自行選擇溫度舒適的環境

貓咪怕冷也怕溼，舒適的溫度範圍為二十～二十八℃，舒適的溼度範圍為五十～六十%，隨品種而異。建議房內要有不同溫度的場所，讓貓咪能自由調節體溫。

在春季與秋季的換毛期，貓咪掉毛量增加，因此要更頻繁地替牠梳毛。無論天氣冷熱，室內每天都要通風換氣數次，盡量營造接近大自然的環境，這也有助於消除貓咪的壓力。

春季

是冬毛脫落的時期，會大量掉毛，請增加梳毛頻率。春季也是容易沾染上跳蚤與壁蝨的時期，要用心打掃房間，梳毛時也要看得更仔細些。發情期也在這個時候，處於發情期的貓咪受本能影響，飼主要更小心防止貓咪逃家。

夏季

雖然貓咪相對耐熱，卻很討厭溼度高的環境。悶熱的日子記得開除溼機，也要注意冷氣別開太強。窗戶盡量留個小縫，並加上安全鎖，讓空氣流通。此外，餵溼食也要小心，放著不收容易變質腐壞。

秋季

跟人類一樣，秋季也是貓咪容易中暑的季節，請多注意牠的身體狀況。秋季溫度變化大，請在貓咪活動範圍內，同時準備溫暖處與涼爽處。

有些貓咪在天氣變涼後食慾大增，這個變化雖然出自本能，但飼主還是要小心，別讓貓咪吃太胖。

冬季

寒冷是貓咪的敵人，因此必須提供牠可以窩著的地方（毛毯等）。雖說貓咪怕冷，但暖氣太強也會害貓咪產生不適症狀（脫水等），請讓貓咪也能自由進出沒開暖氣的地方。

有些貓咪因為怕冷，就會減少上廁所的次數，請飼主視情況調整貓砂盆的位置。此外，為避免運動不足，請多陪牠玩。

懷孕要有規劃

生與不生皆取決於飼主

需在半年內決定，若不生請帶貓咪去做絕育手術

貓咪受孕率高，若飼主無繁殖意願，請帶貓咪去做絕育手術。手術通常在貓咪出生後半年～一年內進行，術後貓咪噴尿行為的頻率減少，而且變得容易發胖。請與獸醫討論，瞭解手術優缺點後，再決定是否絕育。

若希望貓咪產下後代，可以找認識的飼主安排貓咪相親，或洽詢合法貓舍。若是委託合法貓舍配種，則需支付費用。

決定權在母貓

懷孕（交配）的決定權在於母貓，若公貓附近有正在發情的母貓，公貓會隨之進入發情狀態。日照時間長會促使貓咪發情，日照時間短則會降低發情意願，因此貓咪大多是在春季與日照時間長的夏季發情。

同母異父的手足會一起出生？

母貓在同一段發情期中能與數隻不同公貓交配。由於貓咪屬於一次能排出多顆卵子的多胎動物，因此能同時懷上不同公貓的孩子，再一起生出來。除了貓咪，兔子也是多胎動物。

意外懷孕怎麼辦

若生下來無力飼養，需盡早（在出生前）尋找領養者。若無法自行尋找，可向領養團體提出申請，依正式手續尋找領養者，並在生產後盡速替貓咪絕育。

請考量貓咪的一生與飼主自身狀況，盡早做好貓咪的生涯規劃。

生產與育兒

是一段與可愛幼貓共度的特殊時光

母貓生產、育兒時，務必讓牠感到放心舒適

貓咪孕期約九週，一次平均能產下三～六隻幼貓。在這段期間，飼主需要負責照顧母貓的身體狀態，並提供能安心生產的環境，母貓生產過程則不需要人類協助。

幼貓在六週大前，都是跟著母貓學習生活所需技能。請飼主從旁協助，隨著不同成長階段提供合適的幼貓飼料，並且做好預防迷路、出意外的對策，讓幼貓在健全環境下成長。

❷ 懷孕期間（約九週）

由於貓咪懷孕初期沒有特殊徵兆，飼主可能很慢才會發現貓咪懷孕。孕貓的肚子會慢慢變大，乳頭也變得顯眼，吃得更多也睡得更久。

接近生產日時，請替貓咪準備好能夠放鬆生產、育兒的空間（貓窩或箱子等）。

❶ 發情

發情的母貓會開始撒嬌或大聲鳴叫。無論是何時發情，或是與哪隻公貓交配，都由母貓決定。

❸ 生產／餵奶

貓咪生產基本上全靠自己。產後母貓相當忙碌，要餵奶、舔屁屁刺激排泄……等，除非母貓開始撒嬌，看起來像是在討要東西，不然飼主都不太需要插手，在旁守護即可。

❹ 育兒

母貓在餵奶同時，會教導正值調皮期的幼貓如何遊玩與吃飯。等幼貓能自由走動，飼主就可以加入一起玩耍。

❺ 獨立

就算已經找好領養者，也必須讓幼貓待在母貓身邊至少兩個月，幼貓會在這段期間建立免疫系統與學習社會化。大多數的幼貓只要待在母貓身邊，就會一直撒嬌，有些母貓在幼貓長大後就會趕牠們走。一般而言，幼貓出生六個月左右就能獨立。

當人類家庭成員增加時

有耐心地慢慢成為一家人

投注大量關愛，守護貓咪狀態變化

當飼主的家庭組成突然改變，貓咪也會敏銳地察覺。若這股不安所造成的壓力越積越多，貓咪可能會變得暴躁或躲著不出來。當飼主因結婚等因素，確定會新增家庭成員時，請預先向貓咪「打招呼」，有耐心地慢慢縮短與牠的距離。

而人類新生兒也可能會給貓咪壓力，若貓咪心存警戒而攻擊嬰兒的話就不好了，請安排嬰兒與貓咪認識接觸的時間，讓牠卸下心防。

別改變與貓咪的關係

請小心別因偏心與新家庭成員相處，而減少陪伴貓咪的時間。回家後與起床後，都先叫叫貓咪摸摸牠，別讓牠覺得生活作息突然不一樣了。

保持適當距離，才能讓彼此更親近

就算新的家庭成員急著想與貓咪培養感情，也不要勉強接觸貓咪。請別主動逼近貓咪，甚至一開始無視牠也OK。建議與貓咪保持適當距離，靜待貓咪主動親近。

有時也會暗自嫉妒

貓咪會悄悄觀察家庭成員的狀況，不會表現出來，愛撒嬌的貓咪甚至會默默吃起醋來。在貓咪習慣家庭成員的變化之前，人類們先別自己玩得太開心呀。

MEMO

盡量不改變現有環境，希望在每天的相處中，能拉近貓咪與自己的距離。

Ｑ 人類小孩與貓咪的幸福關係

守護雙方的安全與幸福

小孩給的愛過於沉重？大人務必從旁守護

從古至今，人類小孩都是貓咪的「天敵」。例如：不顧貓咪心情想摸就摸、強拉貓咪前腳作勢抬起、用力抱緊貓咪等。雖然小孩是出自疼愛貓咪的心，但貓咪卻很討厭這樣。

另一方面，小孩太接近貓咪也很危險。若小孩不顧貓咪抵抗一直摸貓，可能會被抓傷或咬傷。大人們應當教導孩子正確知識，從旁協助孩子與貓咪建立良好關係。

「孕婦不能養貓」的迷思

這個迷思之所以如此根深蒂固，是因為一種名為「弓漿蟲」的寄生蟲。這種寄生蟲對貓咪無害，卻有很小的機率會對人類胎兒造成影響。弓漿蟲的感染率不高，大家不用擔心，只要保持貓砂盆清潔，掃完貓砂盆後做好消毒，就能預防感染。

守護貓咪與嬰兒雙方

貓咪基本上不會做出攻擊小孩的舉動，但若小孩突然發出巨大聲響，或是突然抓住貓咪身體，受驚嚇的貓咪為了保護自己，可能會咬人或抓人。請記得，別讓貓咪與小孩在同一個空間單獨相處。

與動物一起生活的意義

大家都說與動物一起生活，孩子的情感會更豐富，成為溫柔的人。因為動物不會說話，所以得從行為讀出牠們的心情；看著身軀嬌小卻努力活著的樣子，所得到的啟發；體會到那些優於人類的各項能力，進而心生尊敬等。心靈純淨的孩子，一定能從動物身上學到很多。

你所珍愛的貓咪，是孩子的手足，也是老師，
更是人生中第一個朋友。

不同成長階段——貓咪的變化

相處的時光轉瞬即逝，不留遺憾地陪伴牠吧

依貓咪狀態給予適當照護，讓牠健康長壽

貓咪成長速度比人類快，牠的一年大約是人類的四年。

活潑的年少期要注意受傷或事故；進入中年期後，活動能力漸漸衰退，生病的風險也增加了；十一歲以後要用心照顧牠的健康，像是將飼料換成「高齡配方」等。

隨著飼料品質提升與動物醫療進步，家貓的平均壽命也越來越長，若養在室內完全不外出，約可活到十五歲，最近也有活了將近二十年的貓咪。

若是人類，現年幾歲？

若要對應到人類年齡，有個說法是：貓咪頭兩年相當於人類的二十歲，之後每年增加四歲。

現在立刻確認！疑似症狀檢核表

貓咪的任何變化都有原因，有符合項目請速就醫

只有飼主能救貓咪

貓咪是會隱藏身體不適的動物，因此，若貓咪表現出任何變化，代表病況已經相當嚴重。高齡貓容易罹患腎臟病與內分泌疾病，不過，若能早期發現並治療，都是能夠減緩病程發展，甚至治癒的疾病。

當貓咪的狀況跟平常不太一樣時就要小心，對照檢核表確認症狀後，帶牠去看個醫生吧！

疾病徵兆檢核表

※ 表中所記僅為代表性範例，若出現下列症狀，請前往動物醫院檢查，切勿自行判斷。

症狀	可能原因
往寒冷的地方移動	可能是身體不適體溫下降。
超過一天以上都沒精神	可能罹患嚴重疾病，若症狀持續請就醫。
沒有視線接觸	可能因為視網膜出血等原因已經失明，也可能是罹患腦部疾病。
對周遭漠不關心	可能正承受著劇烈疼痛，或是疾病末期的症狀，也可能是罹患腦部疾病。
呼吸短淺、用嘴巴呼吸	可能是肺臟、心臟疾病，以及甲狀腺機能亢進，也可能是胸腔積水。
發抖	可能是癲癇或腦部疾病，也可能是重度腎臟病、肝臟疾病、低血糖所引發。
眼白發黃	可能是肝臟疾病所導致的黃疸。
嘴痛、有口臭	可能是牙結石、牙周病、口炎，也可能是鱗狀上皮細胞癌。
頻繁嘔吐	大多是胰臟炎或甲狀腺機能亢進，也可能是腸胃有腫瘤。
腹部鼓脹	可能是腹腔積水，或是癌症所造成的內臟腫脹。
不吃飯	可能罹患嚴重疾病，若症狀持續請就醫。
飲水過量	可能是腎臟病、糖尿病、甲狀腺機能亢進等疾病。
排尿次數多	可能是膀胱炎或泌尿道結石。

平時就能做的健康檢視

一年健康檢查兩次是長壽的秘訣

透過親密接觸早期發現疾病

要能察覺貓咪身體不適的徵兆，關鍵是平時就要養成與貓咪親密接觸的習慣，並留意細微改變。特別重要的項目有：體溫、體重、心跳與呼吸次數。平時好好檢查記錄，就能從數值確認是否有變化。

此外，建議貓咪年輕時一年健康檢查一次，十歲以後一年兩次。健康檢查有兩大好處：一個是能早期發現疾病，另一個是能得知貓咪健康狀態下的各項身體數值。

在家就能做的健康檢視項目

體溫

最好使用寵物專用耳溫槍，在家中的正常體溫範圍為三十七點五～三十九℃。

體重

由飼主抱著貓咪站上體重機，之後再扣除飼主體重，就能得出貓咪的體重。無徵兆的體重增減都要小心。

呼吸次數

請測量貓咪平靜時的胸腔起伏，一般以一分鐘的呼吸次數為評估基準，因此請測十五秒再乘以四倍。健康標準是每分鐘呼吸二十四～四十二次。

心跳次數

請將手放在貓咪胸腔下方，感受心臟跳動，測十五秒再乘以四倍。健康標準是每分鐘跳一百二十～一百八十次。

檢查排泄物

檢查糞便時，請觀察有無腹瀉、便祕，並確認氣味與顏色；檢查尿液時，重點也是確認顏色、氣味、次數、量。排尿與排便的正常次數範圍是一天一次左右。

食慾、飲水量

請觀察攝取量與食慾波動。如果食慾與飲水量突然增加，請直接就醫。

親密接觸

透過日常親密接觸，撫摸貓咪確認身體是否哪裡疼痛、是否有腫塊、是否有嚴重掉毛等等。

有四分之一的老貓會罹患腎臟病

正因罹患率高，飼主的照護比什麼都重要

擁有正確知識，善加預防並觀察病況

絕大多數的老貓都死於「腎臟病」，貓咪演化出限制尿量的能力，但要產生高濃度尿液，卻對腎臟造成極大負擔，而與全身體積相比，腎臟又太小，因此貓咪在遺傳上、身體構造上，都很容易罹患腎臟病。若飲水量與尿量都增加，也就是「喝多尿多」，這是腎臟病常見的初期症狀，但不易察覺，所以經常接受腎臟病的相關檢測就很重要。

準備貓咪喜歡的水

當貓咪罹患腎臟病，除了接受專業治療，在家裡最需要小心的就是脫水症狀。每隻貓咪喜歡喝的水都不同，請優先準備貓咪肯喝的水，像是溫水、冷水、有柴魚味道的水都可以。

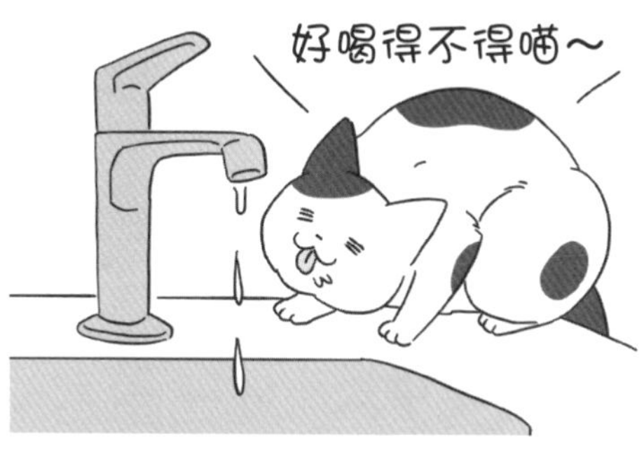

鹽分過高的食物絕對NG

就算人類嘗起來很清淡的食物，所含鹽分對貓咪都是過多。可以給貓咪吃沒有調味的生魚片或清蒸雞肉，但有調味的食物就NG。鮪魚罐頭所含鹽分也比想像中多喔。

為什麼貓咪容易得腎臟病呢？

腎臟是負責將體內老廢物質過濾成尿液，再排出體外的器官，而代謝老廢物質則需仰賴腎臟中稱為「腎元」（nephron）的構造，以貓咪腎臟大小而言，腎元所占的數量太少，因此容易罹患腎臟病。

腎臟病是腎臟功能衰弱疾病的統稱，請讓貓咪接受血液、X光、尿液檢查，盡力找出實際病名。

老貓夜嚎是疾病徵兆

你是否忽略了老弱貓咪的求救訊號？

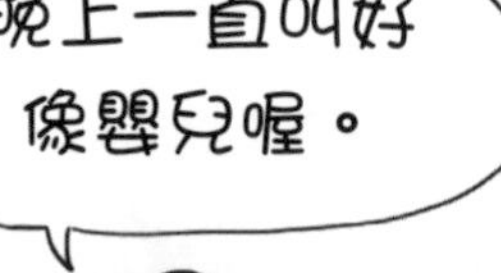

瞭解老貓夜嚎特徵，有異狀立即就醫

若超過十三歲的老貓開始夜嚎，可能是罹患腦部腫瘤、高血壓、失智症等疾病。夜嚎的特徵有：以固定頻率大聲吼叫、叫的時候看著某個定點、發出比發情期更低的叫聲、沒有目的地大叫。

年輕貓咪很少夜嚎，有的話多半是想找人玩耍。若老貓持續夜嚎，請盡早就醫，找出原因。

貓咪基本上不會發出無謂的叫聲

貓咪很能忍耐，比起其他動物，貓咪很少以叫聲表達自己的想法。若貓咪對著飼主喵喵叫，就是牠有所求的時候，請思考牠鳴叫的原因，像是肚子餓、希望飼主幫牠掃廁所等等。

貓咪在夜晚也精力充沛

會夜嚎的多半是老貓，年輕貓咪幾乎不會。若年輕貓咪夜嚎，那就是牠在撒嬌，或是晚上精力過剩想玩耍。此時就算責罵也無濟於事，請盡力滿足貓咪需求吧！

老貓鳴叫可能罹患哪些疾病

- 甲狀腺機能亢進
- 高血壓
- 腦腫瘤
- 失智症

等

貓咪因夜嚎就醫時，請事先記錄發生頻率與鳴叫時的狀態等資訊，醫生才能更正確地下診斷。

還好嗎？檢查貓咪的肥胖程度

貓咪原是有腰身的纖瘦體型

檢查重點在於能否摸到肋骨，也可能是因病發福

過胖容易引發糖尿病、泌尿道結石，請仔細檢查愛貓的肥胖程度。

假如貓咪身體摸得到脂肪，卻摸不到肋骨，且從側面看見肚子垂垂的，就是肥胖的警訊。餵食時，請別再只以目測確認飼料分量，並選擇營養均衡的飼料。此外，針對幼貓、成貓、老貓，不同成長階段的貓咪，需要的營養與分量也不同，最好詢問獸醫。

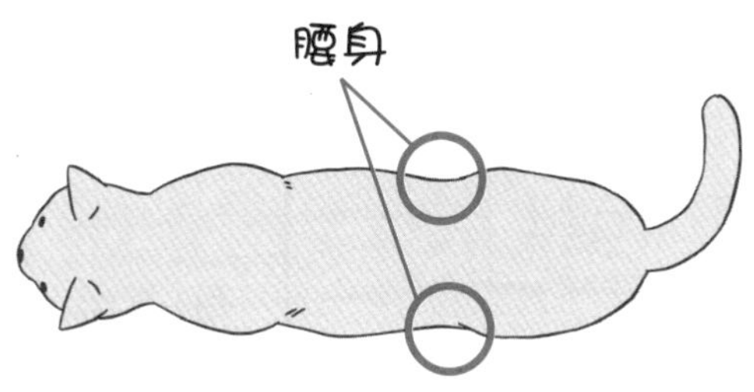

目標是理想體型！

從上往下看，肋骨後有腰身，並且摸得到肋骨的狀態最為理想。若肉眼就看得到一根根的肋骨就是太瘦。而肋骨看不太出來、沒有腰身、腹部垂著一坨肉等，就是過胖警訊。假如只有腹部鼓脹，也可能是懷孕或是生病了。

百害而無一利

跟人類一樣，肥胖會引發各種疾病。一歲以上的貓咪，若一年胖超過一公斤就要小心。相反地，若急遽消瘦、有食慾卻仍然瘦弱等，也屬於不健康狀態。與其限制貓咪的進食量，不如由飼主控制餵食量來管理貓咪飲食。

肥胖可能引發的主要疾病

泌尿道結石

不喝水、排泄頻率低、過胖，都是罹患泌尿道結石的主因。

皮膚炎

自己舔不到的地方越來越多，因骯髒而引發皮膚炎。

糖尿病

因為胰島素阻抗導致血糖上升。

關節炎

跟人類一樣，若持續支撐過重身軀，關節的負擔也會越來越重。

減肥是與飼主的團隊合作

有耐心地一點一點邁向標準體重

澈底控制飲食，面對貓咪抗議也不心軟

做完前頁的肥胖檢查後，若發現貓咪過重，請趕快開始減肥。因為不太可能突然增加家貓的運動量，飲食控制便成為減重的基本方法。

首先，量測正確的飼料量，並規律餵食。請選擇減重專用飼料，以免貓咪攝取不到必要營養素。若為多貓家庭，請將飼料盆分開，吃剩的飼料必須立刻收拾，避免貓咪不斷進食。

預防是最佳對策

要替發胖的貓咪減肥，人類與貓咪都要有堅強的意志力。貓咪無法理解減肥的重要性，對牠而言，無論是食物與點心減量，或是被逼著吃不喜歡的飼料，都會造成壓力。最好的做法還是預防貓咪發胖，或是及早採取對策。

貫徹鋼鐵般的意志

對野生動物而言，飢餓是一件很恐怖的事。一般來說，動物會本能地偏好高卡路里食物，所以很多貓咪都不吃減肥配方飼料。若貓咪超過二十四小時都不吃飯，請更換飼料廠牌試試。

如何對抗貓咪的抗議

若貓咪一直激烈反抗，表達「我不吃這種食物」、「再給我多一點飼料啦」，對飼主也是種負擔。與其拗不過牠而給出飼料，不如直接離開現場。重複幾次後，貓咪應該就會放棄抵抗了。

肥胖是家貓特有的症狀，請負起身為飼主的責任，好好預防。

減少問題行為——公貓的絕育手術

優點眾多，缺點是變得容易發胖

多方評估再下決定，並有計劃地執行

透過絕育手術，能有效減少公貓亂噴尿與爭地盤的行為。出生滿半年且體重超過二點五公斤就能動手術，費用約日幣一～三萬元（新台幣二千五百元～七千五百元左右），手術結束後，大多當日即可返家。

貓咪術後性格會變得比較穩重，但要注意容易發胖的問題。此外，因為公貓臉部骨架約在三歲時定型，若之後才動手術，就能留下有公貓氣概的寬圓臉形。

公貓做絕育手術不用住院

公貓的絕育手術通常做完當天就能回家。預約時，醫院會告知手術前後有哪些注意事項，請務必遵守。手術前一天大多需要禁食，多貓家庭要特別小心這點。雖然是個小手術，對貓咪身心仍是巨大負擔，請飼主多注意貓咪手術前後的狀態。

建議盡早手術

出生滿四個月後，若體力與身體狀態許可，就能接受絕育手術。貓咪只要曾經做出標記行為，在絕育後仍會留有這個習慣。因此，一旦決定絕育，建議盡早進行。

公貓絕育的優點

減輕壓力

若性慾無法滿足，常會累積壓力。絕育後卡路里消耗量也會減少，變得更容易發胖。

減少問題行為

絕育後，標記、發情期鳴叫、貓咪彼此吵架等行為都會變少。

預防疾病

能降低罹患精囊與前列腺疾病的風險。

延長壽命

降低疾病與逃家風險，減輕壓力等，都讓貓咪更長壽。

受孕率百分之百？母貓的絕育手術

不懷孕全是飼主的責任與意願

懷孕或絕育皆需妥善規劃，小心術後容易發胖

母貓絕育能減少罹患卵巢、子宮疾病與乳腺腫瘤的機率，絕育後便不再有發情期行為。費用約日幣二～五萬元（新台幣五千～一萬三千元），需要住院數日。

與公貓一樣，術後情緒會較安定，壽命也會變長，但要小心容易發胖。母貓與人類不同，是在交配後才會排卵，因此受孕率幾乎是百分之百，每次懷孕會生下三～六隻幼貓，因此需要好好規劃。

母貓一旦發情……

會叫得比平常大聲，躺在地板扭來扭去，還會瘋狂撒嬌。雖然發情期的奇怪舉動因貓而異，卻都會讓初見貓咪發情模樣的飼主大吃一驚。有些平時對室外毫無興趣的貓咪，在發情期會特別想逃家。

母貓做絕育手術要住院一兩天

因為會剖開腹部，所以需要住院。預約手術時，獸醫會交代一些手術前後注意事項，請務必遵守。因為手術對貓咪身心都會造成極大負擔，術後要特別注意貓咪狀態，飲食也得多多小心。

母貓絕育的優點

減輕壓力

若性慾無法滿足，常會累積壓力。絕育後卡路里消耗量也會減少，變得更容易發胖。

預防疾病

減少罹患乳癌風險，若連子宮都切除，還可預防子宮疾病。

能完全避免貓咪意外懷孕

日本一年安樂死的貓咪數量，已經增加到近八萬隻（二〇一四年度）。想減少不幸貓咪的數量，絕育手術不可或缺。

延長壽命

降低疾病與逃家風險，減輕壓力等，都讓貓咪更長壽。

挑選動物醫院的重點

取決於貓咪、飼主、獸醫，三者是否合得來

最重要的是挑選適合貓咪的醫院

有熟悉的獸醫，愛貓會更健康，飼主也能更安心。請試著就院內是否整潔、收費是否透明、貓咪與主治醫生是否合得來這幾點，來挑選動物醫院。此外，是否具有貓咪友善醫院國際標準「Cat Friendly Clinic」認證，也是判斷基準之一。候診時別將貓咪抱離外出籠，飼主與貓咪都應避免與其他動物接觸。

醫院挑選評估表

- ☐ 距離合理，回診方便
- ☐ 候診室、診間常保整潔
- ☐ 會仔細回答飼主的問題
- ☐ 會事先告知治療與檢查所需費用
- ☐ 具備豐富貓咪知識，看診仔細
- ☐ 診療費用明細清楚明瞭
- ☐ 願意回應「第二診療意見」
- ☐ 有貓咪不會怕的獸醫

各大品種貓容易罹患的疾病

同血統交配，遺傳了疾病體質

貓咪容易罹患的疾病隨品種而異

不同品種的貓咪，不但性格不同，容易罹患的疾病也大不相同。

例如，屬於大型貓的緬因貓與布偶貓，容易得到肥厚性心肌症；屬於小型貓的新加坡貓，則要小心會有嚴重貧血症狀的丙酮酸活化酶缺乏症。

若想飼養特定品種貓，除了事先瞭解性格傾向外，也請一併調查容易罹患的疾病。

品種貓常見疾病一覽

緬因貓

心臟病（肥厚性心肌症）

美國短毛貓

心臟病（肥厚性心肌症）

阿比西尼亞貓

血液疾病、肝臟病、皮膚病

波斯貓

肝臟病、眼部疾病、皮膚病

挪威森林貓

肝醣貯積症

新加坡貓

丙酮酸活化酶缺乏症

蘇格蘭摺耳貓

骨軟骨發育不全、心臟病（肥厚性心肌症）

俄羅斯藍貓

末梢神經病變

布偶貓

心臟病（肥厚性心肌症）

貓咪疾病一覽表——能接種的疫苗

用正確知識守護貓咪健康

定期接種疫苗，預防貓咪疾病

很多貓咪傳染病打疫苗就能預防，例如：貓愛滋、貓白血病等，建議在出生後第二個月與第三個月接種疫苗，之後每年接種一次。

就算貓咪都養在室內，還是可能因為飼主帶進病原體而染上疾病。除了傳染病之外，貓咪也很常得到膀胱炎、腎臟病等泌尿系統疾病，以及消化系統疾病，請飼主平時多留心貓咪的身體狀況（排泄與嘔吐等）。

一年一次的預防接種很重要

跟人類一樣，就算小時候打了某疾病的疫苗，也不代表一輩子都不用擔心染上該疾病。為了維持足夠的免疫力，一年必須追加接種一次。

也要小心跳蚤與壁蝨

若家貓有機會外出，就可能不小心沾染上壁蝨與跳蚤。此外，就算完全養在室內，在一樓活動的貓咪，也可能沾染上從紗窗縫隙闖入的跳蚤。一旦沾染上跳蚤，就很容易復發，必須澈底預防。

親吻NG

在網路隨意搜尋一下，就能找到一大堆因為太可愛，忍不住就親貓的飼主。然而，生活在室內的貓咪，身上還是帶有能傳染給人類的細菌，像巴氏桿菌症就是一個典型的例子，人類一旦被傳染，甚至可能會演變成肺炎，請多小心。

MEMO 

貓咪的預防醫學日新月異。為了獲得正確知識，請定期接受檢查並接種疫苗。

飼主需要特別注意的貓咪疾病清單

貓免疫不全病毒感染（貓愛滋）	貓傳染性腹膜炎
透過貓咪彼此打架的傷口感染，一旦發病便難以痊癒，但也可能感染卻不發病。 症狀：免疫力低下、慢性口炎 預防：接種疫苗、貫徹室內飼養	是致死率高的病毒性疾病，會引發腹膜炎與胸膜炎。 症狀：腹水蓄積、食慾不振、腹瀉 預防：接種疫苗
貓白血病病毒感染	**支氣管炎、肺炎**
接觸到貓患者的唾液，母貓垂直感染。 症狀：食慾不振、發燒、腹瀉 預防：接種疫苗、貫徹室內飼養	因感冒久未痊癒而發病，病程發展快速，故早期發現相當重要。 症狀：咳嗽、發燒、呼吸困難 預防：接種疫苗
貓病毒性鼻氣管炎	**乳腺腫瘤**
與貓患者有直接接觸，或是飛沫傳染。 症狀：打噴嚏、流鼻水、發燒、結膜炎等 預防：接種疫苗	也就是乳癌，常見於高齡母貓，容易轉移到肺部等其他器官。 症狀：胸部腫塊與腫脹、乳頭流出黃色分泌物 預防：盡早絕育
貓泛白血球減少症	**糖尿病**
因接觸到貓患者而染病，是致死率很高的病毒性疾病。。 症狀：發燒、嘔吐、血便等 預防：接種疫苗	透血糖上升，飲水量也突然大增，是肥胖貓咪容易罹患的疾病。 症狀：進食量與飲水量增加、體重減輕 預防：飲食管理並改善運動不足的問題
貓卡里西病毒感染	**甲狀腺機能亢進**
不會傳染給人類，是一種貓咪特有的感冒。 症狀：眼部分泌物、流口水、打噴嚏、口炎等 預防：接種疫苗	甲狀腺素異常分泌，導致大量耗損能量的疾病。 症狀：食慾增加、出現怪異舉動、攻擊性增加 預防：確認症狀後，早期發現早期治療
貓披衣菌感染	**膀胱結石**
因接觸到已感染披衣菌的貓咪而染病，早期治療多能痊癒。 症狀：眼部分泌物、結膜炎、打噴嚏、咳嗽 預防：接種疫苗	膀胱內產生結石，刺激黏膜引發膀胱炎。 症狀：血尿、頻尿 預防：提供貓咪能多喝水的環境將飼料換成泌尿道結石專用配方

第5章
各種貓咪小知識

母貓慣用右前腳，

公貓慣用左前腳。

很準呢……

來吧來吧～

五分鐘後
體力極限
怎麼不動了喵～

虎吉還真是精力旺盛呀～
還要玩！！
氣喘
吁吁

藏不住的野性……
嗚吼～～～～

真不愧是貓科野獸！
吼～
呼～累了……

這就是虎吉的祖先呀……
比虎吉更有老虎的氣勢呢～
利比亞山貓
？

總是拿同一支逗貓棒
跟牠玩

同樣的玩具玩久了，
虎吉也會膩吧？
我是
膩了
啦……

喔！
用家中簡單材料就能做
出這麼多種逗貓玩具
呀……！

好！！
來做做
看！

我做了很多新玩具喲！
喵——！！

虎吉喜歡那個呀……

用舊襪子做的玩具

還有這種玩具喲！

嗅

嗅

嗅

喂

喂

……

無視。

……

飼主＜襪子

會不會聞得太認真了……？

聞

聞

聞

聞

聞

聞

聞

喀哈～

喀哈～

……

喀哈～

呼哇～

這個表情，在網路上看過！

啊！

記得是叫「裂唇嗅反應」吧？
每隻貓的表情都好好笑。
嘿
嘿
嘿
嘿
嘿
嘿
嘿
喀哈～

呼哇哇～
喀嚓
虎吉的表情也很讚。
上傳
上傳～

虎吉這麼可愛，搞不好有機會成為網紅貓……
呵呵呵
這個玩具也超好玩的喵！

貓咪的祖先是出身沙漠的「利比亞山貓」

現存貓咪習性皆源自於此

與人類共存，最終演化成現在的「家貓」

現與我們共同生活的「家貓」，據說牠們的祖先是「利比亞山貓」，主要棲息於沙漠地帶。

在古埃及時代，利比亞山貓被當成家畜飼養，因此適應了與人類共同生活。人類聚落有許多野鼠，對以野鼠為食的利比亞山貓而言，是相當適合的生存環境。一般認為，「家貓」是在利比亞山貓不斷繁衍後代的過程中，新誕生的品種。

貓咪的習性，全都說得通了

利比亞山貓為了捕捉野鼠、野鳥等小動物，身體靈活矯捷，與現代家貓的共通點有：跳躍能力高、黑暗處視野清晰等。此外，為了保護自己避免外敵侵襲，喜歡待在狹窄樹洞，這一點也一模一樣。

在埃及被當成女神

利比亞山貓在古代埃及逐漸融入人類生活，隨著時代演進，貓咪成為埃及人們所供奉的「芭絲特女神」。近年在世界各地陸續出土的遺跡，也證實了貓咪在古埃及享有厚葬之禮。

野生山貓與人類的共存關係

古埃及肥沃的尼羅河流域是個巨大穀倉，卻同時飽受鼠害之苦。此時出現的是愛吃野鼠的利比亞山貓。埃及人選擇留下利比亞山貓，走向共生共存這條路。

MEMO

貓咪女神芭絲特的姊姊——獅子女神賽克邁特，在古埃及也是受眾人尊崇。

貓咪是在平安時代到日本的？

任何時代都有愛貓者

天皇也很喜歡貓咪

從中國大陸漂洋過海而來的貓咪，在日本落地生根後，日本貓咪的歷史才正式開始。據說，在西元六世紀佛教傳入日本時，為了保護經書典籍免於鼠害，便帶了貓咪上船。雖然這是目前最具說服力的說法，但並沒有留下任何實際紀錄。

貓咪在日本書籍裡首次亮相的舞台，是宇多天皇的日記，裡頭讚頌著「唐貓」的美麗。由此推估，貓咪應該是在奈良時代～平安時代初期（西元八～九世紀）左右來到日本。

乘船時的重要夥伴

貿易商人們很煩惱野鼠亂啃船上食物的問題，為了保護珍貴的食物，便帶上會捕食野鼠的貓咪。隨後貓咪成為稀罕動物，在各地漸受矚目，最後貓咪遍布世界各地，現在也與人類共生共存。

浮世繪裡也有許多貓咪！

到了江戶時代，貓咪人氣更上層樓，大家開始以貓咪為題材創作浮世繪。代表性的例子有歌川國芳與葛飾北齋。尤其是歌川國芳以愛貓著稱，有〈驅鼠貓〉等大量作品流傳後世。

也是故事裡的常客

不只是繪師、畫家，連文豪裡也有愛貓者。以夏目漱石的代表作品《我是貓》為例，就是一本以沒有名字的貓咪作為故事主角的小說。據說，在作為小說主角原型的貓咪死去後，夏目漱石在後院立了墓碑，還特別寫了一句話追悼。

宮澤賢治也以貓咪為題材創作了許多作品，但據說他本人不喜歡貓咪。

貓寶寶眼珠的「kitten blue」

出生後只維持兩～三個月的罕見顏色

請期待貓咪成長後的眼珠顏色

出生後十天～兩週左右的幼貓，眼睛幾乎都是灰藍色。這是因為虹膜的黑色素還不穩定，才會呈現出這種稱為「kitten blue」的顏色。幼貓滿兩個月大後，眼睛就會漸漸變成原本應有的顏色。例如，身體末端毛色較深的「重點色」品種（喜馬拉雅貓等），因為遺傳基因的關係，長大後眼睛顏色會從灰藍色變成藍色。

貓咪血型隨地區而異？

根據某調查指出，美國東岸的貓全是A型

從品種與地區幾乎就能確定血型

貓咪血型分有A型與B型（以及極罕見的AB型），看貓咪住的國家，幾乎就能判定牠的血型。根據義大利的調查結果，日本的貓咪多為A型，美國的貓咪也幾乎全為A型，英格蘭與澳洲則是B型貓咪占比稍微多一些。而在品種方面，美國短毛貓與暹羅貓幾乎全是A型，英國短毛貓則是B型居多。

有公的三花貓嗎？

三花公貓從古至今都是奇蹟

一輩子都不知道能否見到一隻三花公貓

大家知道嗎？集白、咖、黑三種毛色於一身的「三花貓」幾乎都是母貓。因為三花貓基因的染色體需要兩個「X」，而公貓的染色體是「XY」，只有一個「X」；母貓的染色體是「XX」，有兩個「X」。因此，三花貓幾乎全是母貓。在極罕見的情況下，會發生基因異常而生出三花公貓，其機率是數千分之一，三花公貓是極其稀罕的存在呀！

用來祈福的三花公貓

三花公貓極其罕見，被認為是十分吉祥的象徵，在祈求航行平安的船員之間十分搶手。據說，三花公貓曾有段時期，交易價格居高不下。

南極越冬隊的守護神

在日本昭和三十一年（一九五六年）派遣到南極的越冬隊中，有隻名為「Takeshi」的三花公貓，牠肩負守護大家順利在南極度過冬天的祈願，與狗狗、金絲雀一起踏上嚴峻旅途，最後越冬隊也成功完成任務。

生殖能力較弱

因為染色體異常而誕生的三花公貓，與普通公貓相比，生殖能力相對低弱。或許是因為基因突變這一點，讓大家覺得三花公貓就是短命多病，但與其他貓咪相比，實際上壽命的差距不大，所以也不能說三花公貓就是短命。

Takeshi在南極下船後，少了牠運送船，在回程途中就不慎觸礁擱淺了。果然還是需要牠的力量守護大家？

「裂唇嗅反應」只是看起來在笑而已？

看見不笑的貓咪就笑一個吧

看見不笑的貓咪就笑一個吧

貓咪聞到氣味後，會出現嘴巴開開看起來像在笑，或是一臉驚嚇的表情，這稱為「裂唇嗅反應」。位於口腔上顎的鋤鼻器，主要負責接收感應性費洛蒙成分，除了原先經由鼻腔進來的空氣外，「張嘴」能讓鋤鼻器暴露在更多空氣下，就能接收更多氣味。這個奇妙的「鬼臉」，有時也有緩和氣氛的效果。

貓咪喜歡臭臭的東西？

貓咪感覺到費洛蒙時，就會做出裂唇嗅反應。會讓貓咪感應到費洛蒙的物體因貓而異，常見的例子就是飼主的舊襪子。很神奇吧？貓咪竟然會因為聞到腳趾頭的氣味，而呈現一臉開心的樣子。

貓咪以外的動物……

不只有貓咪會做出裂唇嗅反應，牛、馬、山羊也會。馬的裂唇嗅反應相當有特色，會露出牙齦，一副挑釁對方的樣子，幸運的話，說不定能在動物園看到喲。

- 這裡安全嗎？
- 對方是敵是友？
- 有沒有母貓？
- 這是什麼！！

……其他各式各樣

不同情境下，代表意義也不同

裂唇嗅反應是為了獲取更詳細的費洛蒙資訊，對貓咪而言，從對方的費洛蒙得知的資訊相當重要，比如是否為認識的貓、性別為何等。在不同情境下，裂唇嗅反應所代表的意義也不同。

貓咪的裂唇嗅反應會一臉笑笑的，但獅子做出裂唇嗅反應時，則是愁眉苦臉的樣子。

我家也有網紅貓？享受拍攝貓咪的樂趣

只要貓咪有特色，就有成為網紅的潛力

與大家分享貓咪的生活點滴

因為飼主想推廣自家主子的可愛魅力，就把照片、影片上傳到部落格與社群媒體，結果就此一炮而紅，不但造成話題，甚至還出了寫真書。

網紅貓咪「Donko」，也是從飼主在部落格記錄牠的成長日記開始，漸受矚目，甚至還發行了月曆與寫真集，廣受大家喜愛。未來的明星貓咪，就是從現在不經意的日常點滴累積而成的喔。

先讓貓咪習慣相機

貓咪討厭與他人對上眼，看到巨大的單眼相機逼近自己，會害怕也是理所當然的事。平常就將相機放在貓咪附近，不只能讓牠習慣，還不會錯過任何珍貴畫面，簡直是一石二鳥。

試著上傳自豪的貓咪

現在網路上分享資訊的平台服務越來越普遍，輕鬆就能與大家分享自家貓咪資訊。將貓咪照片上傳到Twitter與IG等社群媒體，或許就能認識更多愛貓之友喔。

物以類聚，人以群分？

上傳貓咪相關資訊到社群媒體，就能接觸到更多喜歡貓咪的人。若自家愛貓能受到大家喜愛，不但開心，還能向眾多飼主蒐集情報，從中學到不少東西。

從幼貓開始累積至今的回憶，是一輩子的寶物，盡你所能拍下一堆照片吧！

製作貓咪喜歡的玩具

貓咪是種喜新厭舊的動物，永遠都想要新玩具。要不要親手做些簡單的小玩具，讓貓咪更開心呢？

面紙盒＋塑膠袋

將揉成團的塑膠袋塞進空面紙盒中，在盒上開些小洞（內容物不掉出的大小），晃動就會發出喀噠喀噠的聲音，讓貓咪沉迷其中。

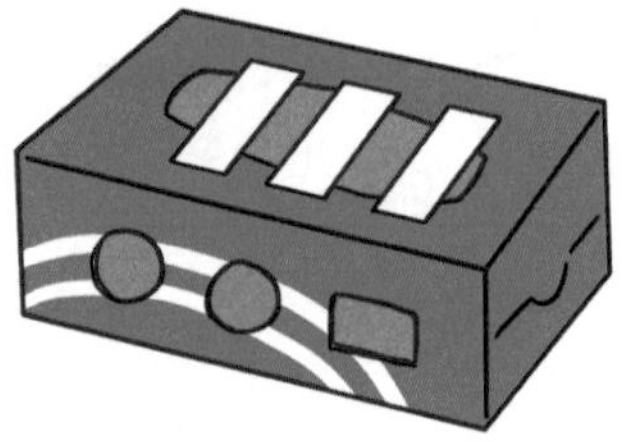

鋁箔紙＋繩子

做法超級簡單，只要將鋁箔紙揉成團，再綁上繩子，貓見貓愛的玩具就做好了。

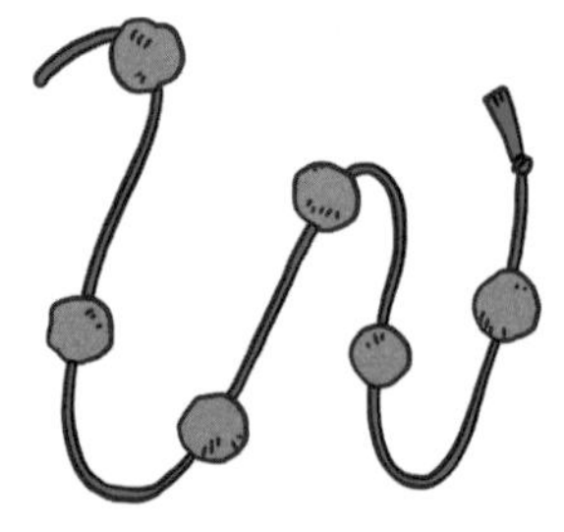

洗衣籃＋鋁箔紙或塑膠袋

在材質柔軟的網狀洗衣籃裡，放入揉成團的鋁箔紙或塑膠袋後，在貓咪面前輕輕搖晃，牠就會露出獵人的眼神喔。

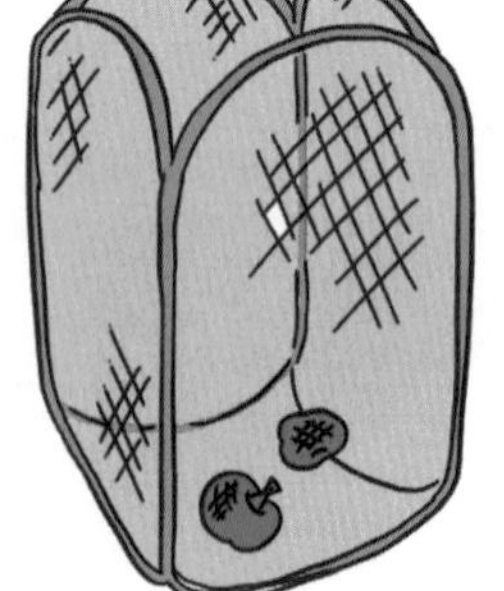

重點

比起市售商品，手工製作的玩具耐久度較差，為了避免貓咪誤食，整個遊玩過程皆需飼主陪伴，製作時也要記得做得牢靠些喲。

舊襪子＋塑膠袋

只要將塑膠袋揉成團，再塞進舊襪子中，然後綁緊襪口別讓塑膠袋掉出就好了！因為啃咬的時候會發出摩擦聲，貓咪會玩得超起勁喔。

紙捲筒＋鈴鐺

單玩紙捲筒就很有趣了，如果再放入鈴鐺，將兩端確實封好避免誤食，就是鈴鐺玩具了。

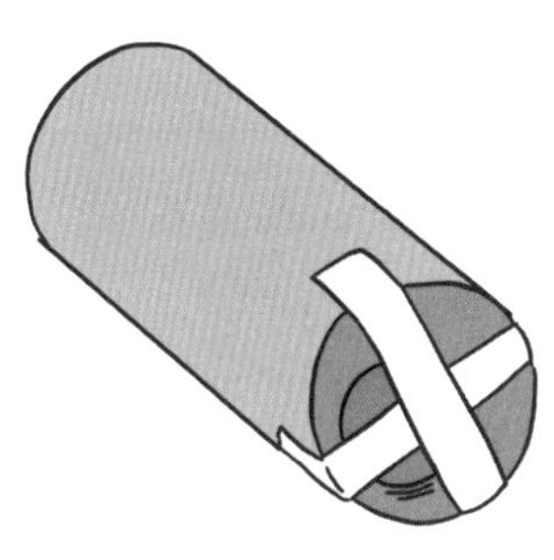

寶特瓶＋鈴鐺

將鈴鐺放入寶特瓶或是大的扭蛋殼內，鎖上蓋子，貓咪就會不停追著玩具跑。為了避免貓咪誤食，記得選大一點的扭蛋殼。

擦手巾＋繩子

在擦手巾或小毛巾的中央綁上繩子，然後模擬老鼠動作頻繁拉動，貓咪就會開始狩獵遊戲了。

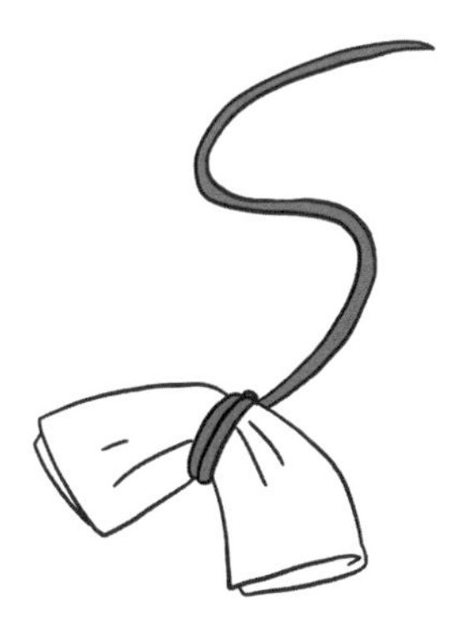

後記

貓咪那嬌小身軀中，藏有許多秘密。在五感與運動能力上，貓咪擁有的能力都遠遠超過人類。不只如此，貓的心思一直都比狗還難理解，讓人摸不著頭緒。

貓咪個性雖然低調含蓄，卻還是努力向人類傳達自己的感受。而本書便剖析了牠們所隱藏的「力量」與沒表現出來的「心情」。各位瞭解貓咪的秘密後，是否又再次拜倒在牠們的魅力下了呢？

要與貓咪同住一個屋簷下，重要的是多與牠們接觸，並瞭

解牠們的身體構造與想法。充分掌握這些知識後，相信各位就有能力早期發現疾病，能讓貓咪與人類一起過著舒適又健康的日子。

若本書能幫助貓咪與飼主過上更好的生活，那便是再好也不過的了。

最後，我要由衷感謝跟我共同生活的貓咪們（うにゃ、PUMA、QUEEN、KIGHT），謝謝牠們教會我許多貓咪的事，也感謝所有曾來看診的貓咪們。

東京貓咪醫療中心　服部幸

STAFF

編集 ………………………… 坂尾昌昭、小芝俊亮、山本豊和、
稲佐知子(G.B.)、石川裕二(石川編集工務店)

執筆協力 ………………… 森田美喜子、坂上恭子、上野敦子、
小泉なつみ、金澤英

カバーデザイン ………… 山口喜秀(Q.design)

本文デザイン 岐村悦子(プールグラフィックス)

本文DTP ………………… 松田祐加子(プールグラフィックス)

カバー・本文イラスト …… 卵山玉子

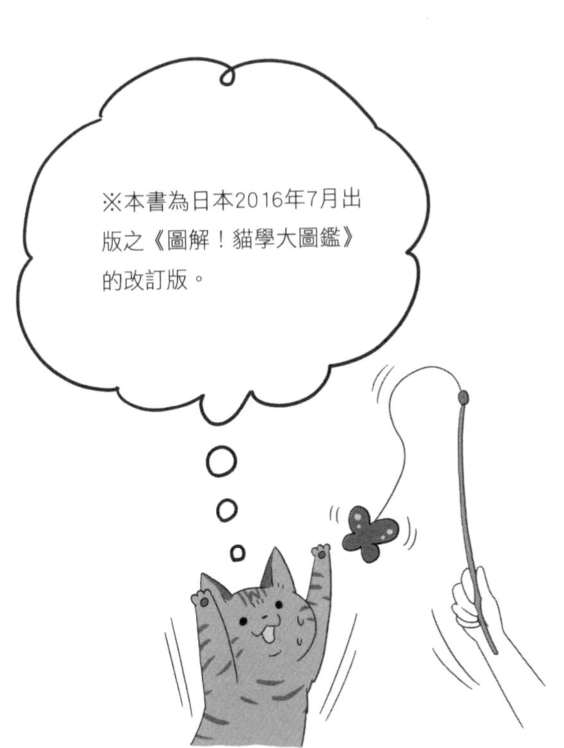
※本書為日本2016年7月出
版之《圖解！貓學大圖鑑》
的改訂版。

國家圖書館出版品預行編目資料

日本金牌貓醫生的圖解貓咪學：愛貓行為解讀×日常飼育指南×疾病預防照顧,喵皇的疑難雜症全解析／服部幸著；蔡斐如譯. -- 初版. -- 臺北市：商周出版：英屬蓋曼群島商家庭傳媒股份有限公司城邦分公司發行, 2021.09

面；　公分

譯自：ネコの気持ちがイラストでよくわかる!ネコ学大図鑑

ISBN 978-626-7012-57-4（平裝）

1.貓　2.寵物飼養　3.動物行為

437.364　110012935

BO0332

日本金牌貓醫生的圖解貓咪學

原書名／ネコの気持ちがイラストでよくわかる! ネコ学大図鑑
作者／服部幸
漫畫插畫／卵山玉子
譯者／蔡斐如
責任編輯／劉芸
版權／黃淑敏、吳亭儀、江欣瑜
行銷業務／周佑潔、林秀津、黃崇華、劉治良

總編輯／陳美靜
總經理／彭之琬
事業群總經理／黃淑貞
發行人／何飛鵬
法律顧問／台英國際商務法律事務所　羅明通律師
出版／商周出版
臺北市104民生東路二段141號9樓
電話：(02) 2500-7008 傳真：(02) 2500-7759
E-mail：bwp.service@cite.com.tw
發行／英屬蓋曼群島商家庭傳媒股份有限公司　城邦分公司
臺北市104民生東路二段141號2樓
讀者服務專線：0800-020-299　24小時傳真服務：(02) 2517-0999
讀者服務信箱E-mail: cs@cite.com.tw
劃撥帳號：19833503　戶名：英屬蓋曼群島商家庭傳媒股份有限公司城邦分公司
訂購服務／書虫股份有限公司客服專線：(02) 2500-7718；2500-7719
服務時間：週一至週五上午09:30-12:00；下午13:30-17:00
24小時傳真專線：(02) 2500-1990；2500-1991
劃撥帳號：19863813　戶名：書虫股份有限公司
E-mail: service@readingclub.com.tw
香港發行所／城邦（香港）出版集團有限公司
香港灣仔駱克道193號東超商業中心1樓
Email：hkcite@biznetvigator.com
電話：(852)2508-6231　傳真：(852)2578-9337
馬新發行所／城邦(馬新)出版集團【Cite (M) Sdn. Bhd.】
41, Jalan Radin Anum, Bandar Baru Sri Petaling, 57000 Kuala Lumpur, Malaysia.
57000 Kuala Lumpur, Malaysia
電話：(603) 9057-8822　傳真：(603) 9057-6622　E-mail: cite@cite.com.my

封面設計／黃宏穎　內頁設計排版／唯翔工作室
印刷／韋懋實業有限公司
總經銷／聯合發行股份有限公司　電話：(02)2917-8022　傳真：(02)2911-0053
地址：新北市231新店區寶橋路235巷6弄6號2樓

■ 2021年9月9日初版1刷
■ 2024年1月18日初版3.2刷
Printed in Taiwan

城邦讀書花園
www.cite.com.tw

ISBN 978-626-7012-57-4（平裝）
ISBN 9786267012567（EPUB）

定價／390元